New Sandwich Recipes&Designs

# 人氣名店的
# 創意三明治派對

## 剖開層層美味中的驚奇巧思

瑞昇文化

>>> 目次 <contents>

### 本書內容的補充說明

● 本書是將《咖啡廳&餐廳》（旭屋出版刊物）2015年4月號～2017年4月號所刊登的食譜當中的作法加入解說內容而整理集結成冊。

● 本書所介紹的餐點包括有現在每家店沒有供應、季節限定餐點，以及試作產品等在內。

● 材料與分量的標記基本上是以每家店提供的資訊刊登。材料和作法的重點也一併標明，請多加參考利用。

● 材料的測量單位為1大匙＝15ml，1小匙＝5ml，1ml＝1cc。適量的部分則以個人喜好的分量為主，有時候會因為使用器具的不同，而需要進行分量的調整。

● 作法的說明內容中有關水果、蔬菜的事前準備作業（清洗、去皮、去除蒂頭等）的部分基本上都是省略。

● 每家店的營業時間和公休日等資訊都是2017年7月原書在日本出版當下的資料。

# New Sandwich

# 68

# Recipes

.........................................................

本書內容整理出了讓人會忍不住拿起手機拍照的「新潮三明治」作法，包括了引領風潮的斷面三明治、需求率大增以健康為取向的蔬菜三明治，以及給人留下強烈印象的高塔三明治等，以這些餐點類型來作區分，總計收錄了68道的三明治食譜。

## >>> 斷面三明治

- - - - - - - - - - - - - - - - - -

靈感是來自於美國和加拿大感恩節餐桌上時常會出現的火雞肉，重點在於使用了切成薄片的火雞肉。火雞肉本身擁有大量的蛋白質，且脂肪含量較低，即便是夾入大量的火雞肉，熱量還是相當低。

〈King George〉

夾入大量萵苣和火雞肉的招牌餐點！
餡料全都是低卡路里食材，不必擔心攝取過多熱量

# The King George

**材料**

裸麥吐司（6片裝）…2片

高達起司…1片

烤火雞肉片…5片

低脂美乃滋…適量

番茄（切片）…2片

紅葉萵苣…3～5片

醃黃瓜（依喜好）…1條

**作法**

1. 起司片放在吐司上。
2. 火雞肉片放在另1片吐司上。
3. 將1和2分開烘烤加熱。
4. 烤到表面上色後再將美乃滋擠在有起司的吐司上，火雞肉片吐司則是依序放上紅葉萵苣和番茄。
5. 將4的2片吐司夾在一起，以烘焙紙整齊包覆。
6. 接著依個人喜好，將對半切開的醃黃瓜隔著烘焙紙以牙籤插入。
7. 將包覆烘焙紙的三明治對半切開。

photogenic point

吐司是選用顏色較暗的裸麥吐司，成功凸顯出餡料的火雞肉、紅葉萵苣和番茄的顏色。

在「King George」能夠提供從斷面感受到餡料豐富感的「斷面系列」三明治。吐司的部分有「裸麥」、「黑麥」和「芝麻粒」的3種吐司，可依喜好選擇。

佔據斷面二分之一的鮮綠色紅葉萵苣，以及麵包上一顆顆的黑芝麻粒，呈現出繽紛的視覺感。整個三明治的分量相當足夠，使用了健康且無負擔的火雞肉片，感覺上就像是在吃沙拉一樣。

〈King George〉

黑胡椒增添辛香氣味
令火雞肉的美味再升級！

# 八幡通三明治

**材料**

黑芝麻粒吐司（六片裝）⋯2片
高達起司⋯1片
烤火雞肉片⋯5片
黑胡椒⋯適量
低脂美乃滋⋯適量
番茄（切片）⋯2片
紅葉萵苣⋯3～5片
醃黃瓜（依喜好）⋯1條

**作法**

1 火雞肉片撒上黑胡椒。
2 起司片放在吐司上。
3 將1的火雞肉片放在另1片吐司上。
4 將2和3分開烘烤加熱。
5 烤到表面上色後再將美乃滋擠在有起司的吐司上，火雞肉
片吐司則是依序放上紅葉萵苣和番茄。
6 將5的2片吐司夾在一起，以烘焙紙整齊包覆。
7 接著依個人喜好，將對半切開的醃黃瓜隔著烘焙紙以牙籤
插入。
8 將包覆烘焙紙的三明治對半切開。

*photogenic point*

選用了可以品嚐口感的黑芝麻粒吐司。黑芝麻不但能
提升口感，在視覺上還具有裝飾效果，讓整個三明治
看起來更令人喜愛。

兼具厚度、肉的分量以及辣味等優點於一身，能滿足口腹之慾的三明治。重口味的雞肉很適合搭配酒類飲料。為了讓雞肉能充分與莎莎醬融合，建議最好能事先醃漬一個晚上。　　　　　　　　　　　　　　　　　　＜King George＞

超過100公克的烤雞肉沾附上莎莎醬
讓人不禁食慾大開

# 墨西哥雞肉三明治

## 材料

黑麥吐司（6片裝）…2片

烤雞肉…100～120ｇ

塔可醬…適量

莎莎醬…1大匙

酪梨切片…1／4顆

切達起司（無上色）…1片

番茄（切片）…2片

紅葉萵苣…3～5片

醃黃瓜（依喜好）…1條

## 作法

1. 製作烤雞肉。準備雞胸肉，雞肉抹上塔可醬放置一晚時間，讓醬料滲透至雞肉整體。隔天將醃漬好的雞肉放在平底鍋上煎熟，然後切成適當大小。
2. 在1片吐司放上 1 的雞肉、莎莎醬和酪梨後放入烤箱烘烤。
3. 將起司片放在另1片吐司上後同樣放入烤箱烘烤。
4. 等到 2 和 3 都烘烤到表面上色的狀態，再放上番茄和紅葉萵苣，然後將吐司覆蓋在一起。
5. 以烘焙紙整齊包覆三明治。
6. 接著依個人喜好，將對半切開的醃黃瓜隔著烘焙紙以牙籤插入。
7. 將包覆烘焙紙的三明治對半切開。

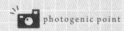

photogenic point

雞肉要以堆疊方式塞入三明治內，切開後斷面才會呈現出一層層雞肉堆疊的大分量感。

MEAT HEAD是指「愛吃肉的傢伙」。由於放入了11片的肉,應該就連男性都能吃得很飽。其中的辣醬雖然能夠提味,但要注意不要加入太多導致吐司變得濕軟。加入小麥殼製作的吐司,咀嚼後能充分感受到小麥的風味,味道不會輸給擔任主角的雞肉。　　　　　　　　　< King George >

大量的萵苣和多達11片的雞肉！
推薦給不管是蔬菜或肉類都很喜歡的人

# THE MEAT HEAD

## 材料

黑麥吐司（6片裝）…2片
煙燻火雞肉片…8片
烤火雞肉片…3片
低脂美乃滋…適量
白切達起司…1片
墨西哥辣椒（切片）…少量
水牛城辣醬…少量
番茄（切片）…2片
紅葉萵苣…3～5片
醃黃瓜（依喜好）…1條

## 作法

1. 在1片吐司放上2片煙燻火雞肉，然後再放上1片烤火雞肉，以這樣的交錯方式堆疊成千層派狀，接著放入烤箱烘烤。
2. 另1片吐司放上起司後放入烤箱烘烤。
3. 在1的吐司放上墨西哥辣椒，然後淋上水牛城辣醬。
4. 2的吐司則是淋上美乃滋，接著放上番茄和萵苣，然後覆蓋住3的吐司，最後以烘焙紙將三明治整個整齊包覆。
5. 接著依個人喜好，將對半切開的醃黃瓜隔著烘焙紙以牙籤插入。
6. 將包覆烘焙紙的三明治對半切開。

photogenic point

由於選用了深咖啡色的黑麥吐司，更能夠凸顯出餡料的雞肉和番茄顏色，提升三明治的存在感。

將甜椒和紅蘿蔔等較硬的蔬菜切成細絲，酪梨則是切成大塊，以這種方式營造蔬菜的豐富口感。針對吃素的客人則是在烘烤吐司時不放上切達起司，並將調味醬中的茅屋起司改成豆腐和豆漿優格等食材，就能夠提供吃素客人所需的餐點。

< King George >

如彩虹般鮮豔的三明治
秘密武器在於獨門醬料！

# 素食三明治

## 材料

黑芝麻粒吐司（6片裝）…2片
酪梨…1/4顆
黃色甜椒…1/4顆
紅色甜椒…1/4顆
紅蘿蔔…1/4條
小黃瓜…1/4條
紅心蘿蔔…1/8條
紫高麗菜、羅勒、幼苗葉菜、紅葉萵苣…各適量
番茄（切片）…2片
黑橄欖…1顆
切達起司…1片
羅勒白醬（＊1）…適量
醃黃瓜（依喜好）…1條

＊1 羅勒白醬（方便製作的分量）
　茅屋起司…80g
　無糖優格…3大匙
　橄欖油…4大匙
　新鮮羅勒…6～8片
　蒜頭…1瓣　鹽、黑胡椒…適量
＜作法＞將所有材料都放入食物調理機中攪打，接著再加入鹽
　　　　和黑胡椒調味。

## 作法

1. 酪梨切成較粗的方形條狀。
2. 甜椒、紅蘿蔔、紅心蘿蔔、紫高麗菜切成細絲。
3. 將剩下的蔬菜切成好入口的大小，黑橄欖則是壓扁。
4. 1片吐司不必放任何材料，另1片則是放上起司並同時放入烤箱烘烤。
5. 接著在吐司上依序放上酪梨、紅甜椒、紅蘿蔔、黃甜椒、小黃瓜、紅心蘿蔔、紫高麗菜、羅勒、幼苗葉菜、紅葉萵苣、番茄和黑橄欖，然後淋上羅勒白醬，最後將2片吐司夾起。
6. 接著依個人喜好，將對半切開的醃黃瓜隔著烘焙紙以牙籤插入。
7. 將包覆烘焙紙的三明治對半切開。

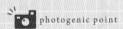

photogenic point

餡料食材是以彩虹為創意來源，有著紅橙黃綠等漸層
色彩的蔬菜斷面看起來更加鮮豔醒目。

這是將吐司夾入照燒雞肉、水煮蛋，以及紅蘿蔔、小黃瓜、甜椒等大量蔬菜的三明治。吐司的部分是選用特別訂做的鄉村麵包吐司，特色在於使用全麥麵粉製作，大口咬下能感覺到咬勁。薯片為了要強調「現做的美味」，所以是在客人點餐後才會現炸。除了擺放餐點的細長木製托盤十分引人注目之外，也方便直接用手拿取享用。

<THREE LITTLE BIRDS CAFE>

豐富餡料搭配上鄉村麵包吐司的
口感滿分三明治！

# 雞肉水煮蛋蔬菜三明治

**材料**

加入全麥麵粉製作的吐司（厚度14mm）…2片
照燒雞肉（＊1）…1塊
切碎的水煮蛋（＊2）…35g
紅蘿蔔（切細絲）…20g
小黃瓜（切細絲）…20g
甜椒（切細絲）…15g
青花菜芽…8g
紅葉萵苣…1片
番茄（切片）…1片
奶油…適量
美乃滋…適量
顆粒黃芥末醬…適量
奶油起司…適量
薯片…適量
配菜沙拉…適量

＊1　照燒雞肉（方便製作的分量）
　雞腿肉…2片　醬油…3大匙
　味醂…3大匙　酒…3大匙
　水…3大匙　砂糖…3大匙
　柑橘醬…1小匙　油…1大匙
<作法>平底鍋中倒入油，放入雞腿肉煎熟，接著將所有材料
　都放入鍋中，持續加熱至呈現照燒醬狀態。

＊2　切碎的水煮蛋（方便製作的分量）
　水煮蛋…3顆　美乃滋…35g　鹽、胡椒…適量
<作法>將水煮蛋切碎加入美乃滋和鹽、胡椒混合調味。

**作法**

1 吐司放入烤箱內稍微烘烤。
2 1片吐司內側塗抹奶油，依序放上切碎的水煮蛋、紅蘿蔔、
　小黃瓜、甜椒、照燒雞肉，接著淋上顆粒黃芥末醬和美乃
　滋，然後再放上紅葉萵苣、番茄和青花菜芽，接著再覆蓋
　上另1片塗抹奶油起司的吐司。
3 以烘焙紙將三明治整個包覆後從中間對半切開。
4 一旁放上配菜沙拉和薯片即可上桌。

 photogenic point

### 獨樹一格的托盤

將餐點擺放在細長的托盤上，不但能提升視覺效果，
拿取也十分便利。

為了平衡培根的鹹味而放入大量的蔬菜，吐司還塗抹
了花生奶油。 ＜GOOD TIME＞

對於自製食材十分講究
餡料十足的外帶三明治

# 自製培根三明治

**【材料】**

吐司…2片
美乃滋…適量
花生奶油…適量
涼拌捲心菜…37 g
番茄（切片）…1片
洋蔥（切片）…10 g
紅蘿蔔（切碎）…24 g
甜椒…14 g
蘿蔔嬰…10 g
自製煙燻培根（＊1）…2片

＊1　煙燻培根（方便製作的分量）
　　豬五花肉塊…1 kg
　　醃漬液
　　┌ 鹽…150 g
　　│ 三溫糖…75 g
　　└ 水…1000 ml
　　櫻木條（＊2）…適量
＜作法＞將醃漬液的材料倒入鍋中加熱燉煮20分鐘，然後放
　　置於常溫下等待降溫，加入豬五花肉後冷藏醃漬一週。之
　　後將肉從醃漬液中取出，不覆蓋保鮮膜冷藏24小時，之後
　　再以櫻木條煙燻6小時。

**【作法】**

1　吐司烘烤後，將覆蓋在上方的那1片吐司內側塗抹美乃滋和
　花生奶油。
2　將自製的培根放在鐵板上加熱。
3　在另1片吐司依序放上涼拌捲心菜、番茄、洋蔥、紅蘿
　蔔、甜椒、自製的培根和蘿蔔嬰，依照圖 a b 方式將吐司
　夾起，最後以烘焙紙包覆後從中間對半切開。

餡料是淋上三種醬汁的通心粉，有著速食外表的三明治。切開後可看到通心粉堆積而成的斷面，很適合拍照上傳分享。還附上醃黃瓜，是能夠配著啤酒享受美國鄉村風格的餐點。

<R BURGER AND LIQUOR BAR 三宿>

餡料是通心粉！
碳水化合物雙重組合的速食餐點相當吸引人

# 通心粉起司鍋烤三明治

## 材料

紅醬（＊1）、青醬（＊2）、切達起司醬…各適量
通心粉（乾燥）…250 g
吐司（8片裝）…2片
奶油…少許

＊1　紅醬（方便製作的分量）
　　蒜頭…1辦
　　橄欖油…少許
　　醃漬鯷魚（切碎）…1又1/2大匙
　　番茄泥…5大匙
　　番茄醬…200ml　水…100ml
＜作法＞鍋內放入蒜頭和橄欖油加熱拌炒，等到飄出香味後再
　　放入鯷魚拌炒，接著倒入番茄泥和番茄醬，加水燉煮約5分
　　鐘。

＊2　青醬（方便製作的分量）
　　羅勒…50g　核桃…30g
　　巴西里…10g　橄欖油…250ml
　　帕馬森起司…35g
　　蒜頭（切碎）…略少於1大匙
　　鹽…1大匙
＜作法＞將所有材料放入食物調理機內攪打。

## 作法

1　將通心粉煮熟後分成3等分，然後分別淋上3種醬汁。
2　切除吐司邊，一面塗抹奶油後放入熱平底鍋，以小火煎烤
　後依序放上 1 a 。
3　另1片吐司同樣在一面塗抹奶油，接著將沒有塗抹奶油的那
　一面朝下覆蓋住 2 。
4　拿另一個平底鍋覆蓋後上下翻轉，煎烤原本在上面的吐司
　 b 。
5　上下吐司都煎烤後以鋁箔紙將三明治整個包覆，使用刀子
　從中間對半切開 c 。

photogenic point

### 3色醬汁營造視覺繽紛感

分別使用了切達起司醬、紅醬和青醬的3種醬汁，將
3種顏色的醬汁淋在通心粉上呈現出豐富色彩的斷
面。

## >>> 蔬菜三明治

苜蓿芽與蘿蔓萵苣，再加上煎烤蔬菜的
美味，深受女性喜愛的三明治。使用的
食材相當簡單，特色在於藉由調理方法
來帶出好滋味。

＜Qino's Manhattan New York＞

PHOTOGENIC
SANDWICH
009

4種蔬菜經煎烤後濃縮了美味
多一道步驟就是好吃受歡迎的秘訣

# 煎烤蔬菜三明治

## 材料

十穀英式麵包…2片
黃色甜椒（切細絲）…2顆
紅色甜椒（切細絲）…2顆
綠蘆筍…1條
茄子…4片
櫛瓜…3片
羅勒醬…適量
蘿蔓萵苣…5片
苜蓿芽…10ｇ
高達起司…1片
黃芥末醬…適量
美乃滋…適量

## 作法

1. 將甜椒和櫛瓜等蔬菜切片或切絲 a。
2. 將切好的 1 放在鐵板上煎烤，中途要淋上羅勒醬 b。
3. 2片十穀英式麵包放入烤箱稍微烘烤，其中1片麵包的內側塗抹黃芥末醬，接著依序放上蘿蔓萵苣、高達起司、甜椒、綠蘆筍、櫛瓜、茄子和苜蓿芽 c。
4. 將另1片麵包內側塗抹美乃滋後覆蓋上，然後朝中間對半切開，縱向堆疊擺放後插上鐵串。

是在這間以道地紐約式風味以及大分量三明治博得人氣的店舖裡，外國素食主義顧客也經常點的
一道餐點。這款健康取向的三明治也深受女性歡迎。　　　　　＜Qino's  Manhattan New York＞

大量放入4種蔬菜！
深受外國客人和女性歡迎

# 素食蔬菜三明治

**材料**

十穀英式麵包…2片
蘿蔓萵苣…5片
高達起司…1片
小黃瓜（切片）…6片
苜蓿芽…10g
酪梨…縱向切開1/4顆
法式黃芥末醬…適量
美乃滋…適量
鹽、胡椒…適量

**作法**

1. 2片英式麵包稍微烘烤加熱。
2. 1片麵包內側塗抹法式黃芥末醬，接著依序放上蘿蔓萵苣、高達起司、小黃瓜和苜蓿芽 a 。
3. 酪梨斜切成薄片放平，撒上鹽和胡椒後再放在 2 上。
4. 另1片麵包內側塗抹美乃滋，接著覆蓋在 3 上，朝中間對半切開，縱向堆疊擺放後插上鐵串。

a

以墨西哥餅皮捲包紅、橙、黃綠、綠、紫、淡黃色配色的食材，斷面色彩鮮艷的三明治捲。其中的玉米筍口感更是令人印象深刻。店家僅提供外帶餐點服務。　　　　　　＜松風SAND&BAR＞

提供給開車兜風和海邊散步客人外帶的
人氣三明治捲

# 酪梨番茄蔬菜三明治捲

**材料**

墨西哥餅…1片
番茄…15g
酪梨…15g
醃漬紅蘿蔔（切成長方形薄片）…5g
小黃瓜（切成長方形薄片）…5g
高麗菜（切絲）…10g
紫高麗菜（切絲）…10g
綠葉萵苣…10g
玉米筍…1根
美乃滋…10g
蜂蜜牛奶醬…10g

**作法**

1. 將墨西哥餅攤平，接著放上醃漬紅蘿蔔、番茄、酪梨、玉米筍、高麗菜和紫高麗菜 a b 。
2. 放上綠葉萵苣，再淋上美乃滋和蜂蜜牛奶醬。
3. 朝自己的方向捲起，並將兩側塞入固定 c 。
4. 切成3等分。

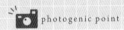
photogenic point

## 讓斷面更顯漂亮

為了讓三明治捲呈現繽紛色彩的斷面，而加入了綠、黃綠、紅、白、黃、紫色等色彩，在配色上花費一番心思。

透過確實炒熟洋蔥之類的方式加熱蔬菜以達到味覺效果的提升後，接著再放入經過烤箱烘烤的義大利拖鞋麵包內。藉由加入義式巴西里、鯷魚和酸豆的自製綠莎莎醬，以及用山羊奶製成的白起司，將簡單的蔬菜和義大利拖鞋麵包的風味提升至更美味的境界。　　＜PARLOUR江古田＞

## 能品嚐到大量香煎蔬菜
## 激發蔬菜主義者食慾的三明治

# 香煎蔬菜三明治

**材料** a

義大利拖鞋麵包（Ciabatta）⋯1個
洋蔥（新採洋蔥、紫洋蔥切成扇形）⋯各2個扇形片
高麗菜⋯30g
橘色紅蘿蔔（切成長5cm的條狀）⋯2條
黃色紅蘿蔔（切成長5cm的條狀）⋯2條
黃色櫛瓜（切成1.5cm厚的圓形）⋯2條
紅皮白蘿蔔（切成1.5cm厚的圓形）⋯1條
甜豆⋯2條
櫻桃蘿蔔⋯1條
自製墨西哥綠莎莎醬⋯1大匙
山羊奶製成的白起司⋯略少於1大匙
油⋯適量

**作法**

1 油倒入鍋中開火熱油，放入洋蔥煎烤，等到上色後再依序
　放入高麗菜、紅蘿蔔、櫛瓜、白蘿蔔和甜豆 b。
2 將1的蔬菜先取出，接著將櫻桃蘿蔔放入鍋中煎烤。
3 義大利拖鞋麵包橫向切成兩半，烘烤後在下方的麵包擺上
　白蘿蔔和高麗菜，接著依序將其他蔬菜都堆疊在麵包上。
4 淋上自製的墨西哥綠莎莎醬，再放上山羊奶白起司，覆蓋
　上另1片麵包，最後從中間對半切開 c。

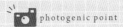

### 放上五顏六色的蔬菜

在有大量蔬菜堆疊的情況下，為了讓綠、橘、黃和白
色等蔬菜顏色能互相襯托，要以平衡色彩的方式擺放
堆疊。

在風乾一夜使美味凝縮的番茄上，隨意擺上與其十分對味的奧勒岡葉，然後再大量撒上帶有鹹味的義式羅馬綿羊起司。使用了加入50%的2種全麥麵粉製作而成、帶有核桃外皮香氣且口感極佳的全麥核桃麵包。

< PARLOUR江古田 >

經過一夜風乾的番茄加上義式羅馬綿羊起司
經烘烤後產生香氣

# 鮮味番茄義式綿羊起司三明治

**材料**

全麥核桃麵包…2片
一夜風乾番茄（切成1.5cm的厚片）…3片
奧勒岡葉（乾燥）…適量
義式羅馬綿羊起司…適量
特級初榨橄欖油…適量
鹽…適量
粗胡椒粒…適量

**作法**

1 將一夜風乾的番茄放在烤盤上，撒上鹽和奧勒岡葉 a 。
2 將義式羅馬綿羊起司刨絲，並均勻鋪平在 1 上 b 。
3 放入烤箱烘烤至表面上色。
4 取出後放在麵包上，淋上特級初榨橄欖油，接著再撒上粗胡椒粒 c 。
5 將另1片麵包覆蓋住，從中間對半切開。

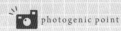

photogenic point

### 直接就能品嚐的美味

食材簡單的三明治要利用厚片番茄，以及大量的起司來提升整體的味覺效果。

挑選當季盛產的蔬菜放入烤箱烘烤，最後再淋上濃郁的義大利香醋醬提味。採訪時剛好是新採洋蔥和甜豆的盛產期，將肥厚的新採洋蔥放入烤箱確實烘烤出美味。春天會選用蘆筍，夏天到秋天是茄子和南瓜，到了冬天則是蓮藕等蔬菜，能品嚐到當季蔬菜的鮮味。 〈PARLOUR 江古田〉

享用新採洋蔥和甜豆的當季蔬菜組合

# 烤季節蔬菜義大利香醋三明治

### 材料

葡萄乾酵母吐司…2片
新採洋蔥（切成1.5cm厚度）…3片
甜豆…3條
鹽、粗黑胡椒粒…適量
特級初榨橄欖油…適量
義大利香醋醬（義大利香醋燉煮後的醬汁）…適量

### 作法

1. 平底鍋倒入油後開火熱鍋，放入去除兩旁纖維的甜豆拌炒。
2. 將新採洋蔥放在盤子，撒上鹽和抹上特級初榨橄欖油，接著放入180℃的烤箱內烘烤20～30分鐘，取出後再使用瓦斯槍將表面烤至上色 a 。
3. 將 2 放在其中1片吐司上，再放上甜豆，撒上粗黑胡椒粒，接著放入烤箱烘烤 b 。
4. 在 3 淋上義大利香醋醬和撒上粗黑胡椒粒，接著覆蓋上另1片吐司 c ，最後朝中間對半切開。

photogenic point

### 透明的新採洋蔥外觀十分吸引人

以強調當季蔬菜為主的三明治，蔬菜稍微加熱上色後，所呈現出的透明感更能展現食物的美味度。

這一款是將夾入炒牛肉的麵包淋上起司的美國費城特色三明治變化版。以多量的素肉代替牛肉，完成這道飽足感十足的三明治。將延展性佳的起司放進微波爐加熱至軟化，就能淋在食材上營造起司流動的視覺美味。尤其和有咬勁的長棍麵包更是絕佳搭配。

＜News Café ＞

將美國費城的特色三明治變身為
素食風格

# 費城起司素肉三明治

### 材料

紫洋蔥…20g
黃甜椒…40g
素肉 a …150g
橄欖油…1小匙
鹽、胡椒…少許
起司（高達、莫札瑞拉）…60g
熱狗堡麵包…1條

### 作法

1. 紫洋蔥切成薄片，甜椒切成細絲。素肉則是切成一口大小。
2. 將橄欖油倒入熱鍋內，將 1 放進鍋中拌炒，再加入鹽和胡椒調味。
3. 起司放入耐熱容器內，放入微波爐加熱短於1分鐘左右時間使其軟化。
4. 朝熱狗堡麵包中間劃下切口，接著將 2 塞入，然後再淋上 3 。

a

重現了曾經在美國紐奧良餐廳吃過的素食三明治。由於日本的豆腐水分含量較高，所以使用了油豆腐來代替。其中混合了咖哩粉的美乃滋更是具有提味效果。在辣味的襯托之下讓由蔬菜與清淡食材作為主角的三明治更加美味。使用的是無蛋美乃滋，素食者也可以安心享用。　　　　　　　　　　　＜News Café＞

使用咖哩風味的美乃滋
令清淡的食材變得更美味

# 豆腐三明治

**材料**

油豆腐…170g
番茄…小的1顆
萵苣…2片
A＜咖哩粉…5g　無蛋美乃滋…50g＞
全麥吐司（切成10片約1.2cm厚）…2片

**作法**

1 油豆腐橫向對切成一半，番茄切片去籽。
2 將油豆腐放入熱鍋裡，兩面都煎到表面酥脆程度。
3 將A的材料混合製作成咖哩美乃滋。
4 全麥吐司烘烤後在2片吐司的單面都塗抹3。
5 在4依序放上油豆腐、3、油豆腐、番茄、3和萵苣 a 。
6 將另1片全麥吐司覆蓋在5上。
7 在2處插上塑膠籤，使用刀子斜切成兩半。

全麥吐司塗抹咖哩美乃滋，再夾入油豆腐、番茄片和萵苣。由於餡料之間都有塗抹咖哩美乃滋，所以能避免在享用途中餡料掉落的情況。還能均勻品嚐到咖哩美乃滋的味道。

>>> 高塔三明治

創意的出發點來自於想要讓客人能夠開心享用餐點。將切成1/4的總匯三明治，以鐵串像烤肉串般串起，刺入杉木原木盤固定後上桌，是能夠同時滿足味覺、視覺和好奇心的三明治。這道三明治在開店不久後就引發話題，多次出現在媒體版面上，成為店內的招牌餐點。　＜松風SAND&BAR＞

創意滿載
高度達40cm的高塔三明治！

# 世界第一高的總匯三明治

## 材料

- 吐司…6片
- 瑪琪琳…1.5小匙
- 顆粒黃芥末醬…1大匙
- 熟培根…30g
- 番茄（切片）…30g
- 綠葉萵苣…20g
- 烤雞肉…50g
- 醃漬紅蘿蔔（切成長方形薄片）…15g
- 小黃瓜（切成長方形薄片）…10g
- 煙燻鮭魚…20g
- 莫札瑞拉起司…40g
- 蜂蜜牛奶醬…10g
- 美乃滋…10g
- 水牛城辣醬…10g

## 作法

1. 將6片吐司放入烤箱烘烤，第1片吐司塗抹顆粒黃芥末醬，接著放上培根、番茄；第2片吐司塗抹瑪琪琳，然後依序放上雞肉、小黃瓜和醃漬紅蘿蔔；第3片吐司則是塗抹瑪琪琳，接著放上綠葉萵苣、煙燻鮭魚和莫札瑞拉起司 a。
2. 將要覆蓋在外側的2片吐司都塗抹蜂蜜牛奶醬，另1片則是塗抹水牛城辣醬。
3. 將3片吐司分別覆蓋在擺有餡料的吐司上，使用刀子各自切十字形成4等分 b。
4. 將3種三明治依序穿插以鐵串固定 c。
5. 最後將鐵串插在杉木原木盤上

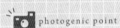

photogenic point

### 直立固定在木盤上

按照三明治種類的不同依序穿插並以鐵串固定，然後直立插在木盤上。採用這種擺盤方式的優點在於能夠隨著鐵串長度調整高塔的高度。

一般道地的「美式總匯三明治」都是以火雞肉作為餡料，不過這家店卻是夾入以雞胸肉製成的煙燻雞胸肉。對半切開縱向堆疊的擺盤方式，讓人一看到就留下深刻印象。　＜Qino's Manhattan New York＞

高度超過20cm！
餡料滿載的豪爽三明治

# 美式總匯三明治

## 材料

- 十穀英式麵包…3片
- 培根…3片
- 蘿蔓萵苣（5片裝）…2袋
- 番茄（切片）…2片
- 煙燻雞肉…80g
- 苜蓿芽…10g
- 切達起司（切片）…2片
- 高達起司（切片）…2片
- BBQ烤肉醬…適量
- 羅勒青醬…適量
- 黃芥末醬…適量
- 美乃滋…適量

## 作法

1. 培根在鐵板上煎熟 a，煙燻雞肉也稍微煎烤。
2. 3片十穀英式麵包放入烤箱稍微烘烤，將最下方麵包和第2片麵包並排，最下方的麵包塗抹黃芥末醬，接著放上蘿蔓萵苣。
3. 最下方的麵包放上番茄、切達起司和培根，再淋上BBQ烤肉醬。第2片麵包放上高達起司、煙燻雞肉、苜蓿芽，然後淋上羅勒青醬 b。
4. 第3片麵包則是在內側塗抹美乃滋，然後覆蓋住第2片麵包的餡料，接著再整個放在最下方麵包的餡料上 c。
5. 從中間對半切開，縱向堆疊以鐵串固定。

## >>> 派對三明治

這是在美國引發熱潮的迷你漢堡，不需要將麵包撕開，直接將餡料放在上面，就完成這道適合在派對上端出的甜點式三明治。其中由冰淇淋、水果和奶油霜等配料組合而成的鮮豔外觀，更是成為吸引女性目光的焦點。

＜R BURGER AND LIQUOR BAR 三宿＞

炒熱女性聚會氣氛！
眾多配料讓人產生幸福感的甜點三明治

# 20種配料的小漢堡三明治

**材料**

5種奶油霜
抹茶／卡士達醬／草莓／巧克力／鮮奶油

5種冰淇淋
抹茶／草莓牛奶／香草／巧克力／紅蘿蔔

13種水果
蘋果／草莓／葡萄柚／紅寶石葡萄柚／奇異果／柳橙／
萊姆／檸檬／覆盆子／藍莓／黃桃／白桃／美國櫻桃

提拉米蘇／堅果類／香草植物／果乾／迷你漢堡麵包
（使用布里歐麵包的麵團製成）

**作法**

1. 迷你漢堡是使用布里歐麵包的麵團製作，塑形為多個圓形連
   接在一起的形狀後放入烤箱烘烤 a 。
2. 用刀子將烤好的 1 從側邊切開為上下部分。
3. 思考配色方式來放上奶油霜、水果和冰淇淋，以及香草植物
   和果乾等配料裝飾 b c 。

photogenic point

### 烘烤上色更加醒目

撒上些許的細砂糖在水果上，然後放入烤箱烘烤至
上色，增加外觀的亮點進而誘發食慾！加倍的水果
甜味讓美味度直線上升。

在大面積的自製佛卡夏麵包放上醃漬蔬菜、布里起司、生火腿等前菜，搖身一變就成為了派對三明治。跟蛋糕一樣切開就會產生所謂的「繽紛斷面」視覺效果。朝氣滿點的外觀以及鮮豔色彩能讓派對氣氛更加攀升。
<La Première Pousse>

大量放上色彩鮮明的蔬菜
展現出「繽紛斷面」！

# 特製帕尼尼派對三明治

## 材料

佛卡夏麵包…直徑27cm的圓形1個
橄欖醬（＊1）…2大匙　法式醃漬南瓜（＊2）…適量
大蒜橄欖油調味的油菜花（＊3）…適量
法式醃漬紅蘿蔔（＊4）…適量　酪梨（＊5）…1顆分量
紅吉康菜（＊6）…適量　布里起司…150g
生火腿…3片　小番茄（4色）…6顆

### ＊1　橄欖醬（1次製作分量）
A 黑橄欖（去籽）…150g　　鯷魚…30g
　 酸豆…50g　大蒜…1瓣
　 橄欖油…100ml　黑胡椒…適量
＜作法＞A放入攪拌器內攪打後倒入橄欖油均勻混合，完成後
　再撒上黑胡椒。

### ＊2　法式醃漬南瓜（1次製作分量）
南瓜（切成骰子大小）…600g
洋蔥（切末）…200g　橄欖油…50g
A 細砂糖…30g　白酒醋…50g
└ 月桂葉…1片　丁香…1根
鹽、胡椒…各適量
＜作法＞洋蔥以橄欖油拌炒，加入A稍微燉煮，接著放入蒸熟
　的南瓜，再加入鹽和胡椒調味醃漬。

### ＊3　大蒜橄欖油調味的油菜花（1次製作分量）
＜作法＞將加入鹽水汆燙過的油菜花倒入大蒜橄欖油混合調
　味。

### ＊4　法式醃漬紅蘿蔔
黃色紅蘿蔔（切絲）…200g　白酒醋…15g
蜂蜜…10g　橄欖油…15g
鹽、胡椒、孜然粉…各適量
＜作法＞將全部的調味料混合後放入紅蘿蔔醃漬。

### ＊5　酪梨
＜作法＞切片後撒上鹽、胡椒和檸檬汁。

### ＊6　紅吉康菜
＜作法＞切絲後倒入油醋醬調味混拌，然後再撒上鹽和胡椒。

## 作法

1 佛卡夏麵包從側邊用刀子切開成上下兩半。
2 底部麵包的內側塗抹橄欖醬 a 。
3 接著依序放上法式醃漬南瓜、大蒜橄欖油調味的油菜花、
　法式醃漬紅蘿蔔、酪梨、紅吉康菜和布里起司，最後放上
　生火腿，再以麵包覆蓋 b  c 。
4 小番茄都插入竹籤用來固定在麵包的6個位置。

a　　　　　　　b　　　　　　　c

在大型佛卡夏麵包上擺放4種配料的平鋪式三明治。端上桌時會切成4等分，相當適合在派對場合出現的豪華帕尼尼三明治。將古岡左拉起司、煎烤蔬菜和卡布里沙拉等色彩繽紛的前菜作為配料夾入麵包，就完成了這道能與任何酒類搭配享用的料理。其中蔬菜等配料會切成與麵包差不多的厚度。

4種配料組合而成！
刺激食慾的豪華派對三明治

# 4種配料的帕尼尼三明治

**材料**

佛卡夏麵包（直徑24cm）…1個
煎烤蔬菜（＊1）
古岡左拉起司蘑菇（＊2）
羅勒青醬雞肉（＊3）
卡布里沙拉（＊4）

**＊1　煎烤蔬菜** a（1個佛卡夏麵包的分量）
　茄子…60g　櫛瓜…60g
　切半番茄乾…2片
　特級初榨橄欖油…適量　鹽…適量
＜作法＞茄子和櫛瓜縱向切成條狀。平底鍋倒入橄欖油後開火
　　熱鍋，放入茄子和櫛瓜油煎，然後加入鹽調味。

**＊2　古岡左拉起司蘑菇** b
　（1個佛卡夏麵包的分量）
　蘑菇…50g
　古岡左拉起司…20g　奶油…10g
＜作法＞蘑菇切片放入鍋中以大火拌炒。等到拌炒到出現滋滋
　　作響的聲音後就關火，接著放入奶油和古岡左拉起司快速
　　攪拌。

**＊3　羅勒青醬雞肉** c（1個佛卡夏麵包的分量）
　雞胸肉…80g　鹽、胡椒…適量
　羅勒青醬…20g
＜作法＞雞胸肉撒上鹽和胡椒靜置30分鐘。以保鮮膜包覆，
　　接著放入煮滾的水中後關火，然後靜置約20分鐘讓雞肉可
　　以熟透。最後切片並均勻沾附羅勒青醬。

**＊4　卡布里沙拉** d（1個佛卡夏麵包的分量）
　莫札瑞拉起司…90g
　番茄…90g　羅勒…2片
　鹽、胡椒…適量
　特級初榨橄欖油…適量
＜作法＞將莫札瑞拉起司和番茄都分別切成1cm左右的厚度。

**作法**

1 佛卡夏麵包橫向對切成兩半，底部的麵包放上 a ～ d 的
　配料。
2 覆蓋上另1片佛卡夏麵包，連同餡料切成4等分。

烤牛肉是使用混雜牛肩肉和霜降腿肉等部位的1.5～2kg熟成肉，將其放入對流式烤箱烘烤。等到客人點餐才會開始切肉，時常謹記現切現提供。麵包的部分則是為了凸顯餡料風味，而選擇了無添加任何香料，味道樸實的裸麥吐司。加入顆粒黃芥末醬的蜂蜜義大利香醋醬則是更能增添牛肉的美味程度。

＜松風SAND&BAR＞

麵包無法完整覆蓋的烤牛肉
展現出十足的分量感！

# 烤牛肉三明治

**材料**

裸麥麵包…2片
顆粒黃芥末醬…1小匙
瑪琪琳…1/2小匙
綠葉萵苣…20g
醃漬紅蘿蔔（切成長方形薄片）…15g
小黃瓜（切成長方形薄片）…10g
店家自製烤牛肉…80g
洋蔥切片…5g
炸洋蔥……3g
蜂蜜義大利香醋醬…25g

**作法**

1 將烤牛肉所使用的1～1.5kg熟成牛肉塊放入對流式烤箱內
　烘烤 a 。
2 烤牛肉切片 b 。
3 麵包放入烤箱烘烤，接著塗抹顆粒黃芥末醬和瑪琪琳，再
　放上綠葉萵苣。
4 將醃漬紅蘿蔔、小黃瓜、洋蔥切片疊放在3上面，像是要
　這些食材覆蓋住般地將烤牛肉平鋪上去。
5 淋上蜂蜜義大利香醋醬，撒上炸洋蔥，最後將另1片麵包擺
　放在一旁。

photogenic point

### 鋪滿烤牛肉

不只有麵包內會有烤牛肉，讓1片又1片的烤牛肉擺
佔據盤子一半的面積，有效營造出餐點的分量感。

從當初開幕至今都大受歡迎的人氣餐點，味道當然不在話下，像是讓培根分量豪邁地超出麵包等作法，則是為了追求視覺效果而構想出來的。將盤子當成畫布，利用色彩和整體平衡感來構思擺盤，創造出一將照片上傳到網路，就會吸引許多人想要前來一嚐究竟的餐點。

<GRAIN BREAD and BREW>

PHOTOGENIC SANDWICH 023

魅力在於豪爽且具奢華感的擺盤方式和能夠散發香味的外觀！

# 100g培根的野獸風格
# 拖鞋麵包三明治

**材料**

拖鞋麵包…1個
紅葉萵苣…2片
辣味美乃滋…1/2大匙
紅甜椒…5g
黃甜椒…5g
小黃瓜…8g
紅蘿蔔…8g
厚切培根…1片
義大利香醋醬……2大匙
紫洋蔥薄片…適量
小番茄…1顆
裝飾用的細葉香芹…適量

**作法**

1. 從拖鞋麵包下方的1/3處切開，接著塗抹辣味美乃滋再鋪上紅葉萵苣。
2. 將切碎的蔬菜（紅黃甜椒、小黃瓜、紅蘿蔔）放在紅葉萵苣上，接著淋上義大利香醋醬 a b c 。
3. 放上煎烤過的厚切培根、紫洋蔥薄片和小番茄，最後放上細葉香芹裝飾。

a

b

c

以三明治來說，切成一口大小的蝦子和酪梨美乃滋的餡料其實很常見，不過這家店在擺盤上是以
如何將色彩在麵包上延展開來作為創意基礎，方便享用的同時也考慮到美觀性。

<松風SAND&BAR>

在盤子上盡情展現風采
蝦子與酪梨的常勝軍組合

# 蝦子酪梨三明治

## 材料

裸麥麵包…2片
瑪琪琳…1/2小匙
蝦子（水煮）…40g
酪梨（切成5mm的薄片）…1/2顆
綠葉萵苣…20g
醃漬紅蘿蔔（切成長方形薄片）…15g
小黃瓜（切成長方形薄片）…10g
紫高麗菜（切絲）…10g
蜂蜜牛奶醬…30g
甜椒粉…少許

## 作法

1 麵包烘烤後塗抹瑪琪琳，放上綠葉萵苣、醃漬紅蘿蔔、紫高麗菜和小黃瓜，接著鋪上酪梨後再放上蝦子。

2 朝整個餡料都均勻淋上蜂蜜牛奶醬，然後撒上甜椒粉，將另1片麵包擺放在一旁。

photogenic point

### 醬料要淋得均勻

將色彩鮮艷的食材切成薄片擺放在麵包上，乳白色的蜂蜜牛奶醬均勻散布在整個餡料上，更是引人注目。

一到夏天不可或缺的就是當季的紫蘇葉、生火腿和莫札瑞拉起司的餡料組合。創意來源是來自生火腿和水果的酸味很契合，所以才會想出搭配芒果醬汁享用的方式。芒果恰到好處的酸度剛好能緩和生火腿的鹹味。使用的是巴拿馬產的生火腿，客人點餐後才會切片，在新鮮的狀態下端上桌給客人享用是店家的用心之處。

＜松風SAND&BAR＞

PHOTOGENIC
SANDWICH
025

芒果醬汁的甜度與生火腿是天作之合！搭配一旁的紫蘇葉是夏天的限定菜單

# 生火腿・紫蘇葉・莫札瑞拉起司
# 佐芒果醬汁三明治

**材料**

裸麥麵包…2片
瑪琪琳…1/2小匙
生火腿…3片
紫蘇葉…3片
綠葉萵苣…20g
醃漬紅蘿蔔（切成長方形）…15g
小黃瓜（切成長方形薄片）…10g
紫高麗菜（切絲）…10g
莫札瑞拉起司…30g
芒果醬汁…30g

**作法**

1 裸麥麵包烘烤後塗上瑪琪琳，然後放在盤子上。
2 盤子放上綠葉萵苣、紫高麗菜和紫蘇葉 a b 。
3 將生火腿攤開擺放 c ，接著放上醃漬紅蘿蔔、小黃瓜和莫札瑞拉起司，最後在一旁放上裝有芒果醬汁的容器。

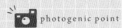

photogenic point

### 紫蘇葉營造清爽的夏天氛圍

將夏天盛產的紫蘇葉擺放在盤子的中間，就完成這道富有季節感的餐點。芒果醬汁的黃色同時帶來了味道和色彩的饗宴，讓人留下深刻印象。

a

b

c
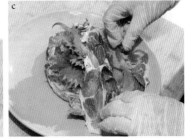

因為想要推廣鵝肝醬的美味，而開始構思將此項食材加入三明治內。在製作三明治的過程中會將鵝肝醬淋上油煎烤，為了善用鵝肝醬的脂肪風味，重點在於裸麥麵包不需要塗抹顆粒黃芥末醬和瑪琪琳。最後為了配合使用鵝肝醬的這道餐點，決定在盤子上以畫點方式營造出細緻感。適合搭配葡萄酒和啤酒一起享用。　　　　　　　　　　　　　　　　　＜松風SAND&BAR＞

輕鬆享用
給人價格昂貴印象的鵝肝醬

# 鵝肝醬三明治

## 材料

裸麥麵包…1片
鵝肝醬…50g
番茄（切片）…10g
醃漬紅蘿蔔（切成長方形薄片）…10g
小黃瓜（切成長方形薄片）…5g
洋蔥切片…5g
玉米筍…1根
綠葉萵苣…5g
傳統義大利香醋醬（義大利香醋燉煮後的醬汁亦可）…15g
蜂蜜牛奶醬…5g

## 作法

1 平底鍋內放入鵝肝醬油煎，途中將產生的油脂淋在鵝肝醬上 a 。
2 裸麥麵包烘烤後切成兩半放在盤子上。
3 麵包放上醃漬紅蘿蔔、綠葉萵苣和煎烤過的鵝肝醬 b 。
4 接著淋上義大利香醋醬，再放上番茄、洋蔥和玉米筍 c 。
5 將另1片麵包擺放在一旁，最後使用蜂蜜牛奶醬在盤子上畫點。

### 將盤子當成畫布

以蜂蜜牛奶醬畫出圓點。宛如法式料理的呈現，很適合拍照打卡。

選用加入20%石臼研磨全麥麵粉製成的長棍麵包。外皮烘烤得香脆且有咬勁的麵包，其實和奶油起司、生火腿、番茄和酪梨這類柔軟的食材相當搭配。因為可同時攝取大量蔬菜，所以很受到注重健康的女性歡迎。在店內用餐的三明治餐點都會附上沙拉，其中加入北海道新雪谷生產的玉米所製作的獨門醬汁也是十分美味。

<Café Green Room／もっきりバル>

使用加入全麥麵粉製作的長棍麵包做出健康的
成人取向三明治

# 生火腿奶油起司蔬菜三明治

**材料**

加入20％石臼研磨全麥麵粉的長棍麵包（長18cm）…1條
自製醃黃瓜美乃滋…適量
奶油起司…50ｇ
生火腿…4片
番茄（3～4cm的塊狀）…1/2顆分量
酪梨（3～4cm的塊狀）…1/2顆分量
粉紅色岩鹽…適量
胡椒…適量
特級初榨橄欖油…適量
大蒜粉…適量

**作法**

**1** 長棍麵包橫向對切成兩半，接著放入烤箱烘烤至表面香脆程度。

**2** 下半部的麵包塗抹自製醃黃瓜美乃滋，然後依序放上奶油起司、生火腿、加上跟岩鹽‧胡椒‧橄欖油‧大蒜粉混合調味的酪梨和番茄。最後撒上胡椒再將上半部的長棍麵包蓋上。

受歡迎的雞肉淋上辣醬並加入香草植物的人氣No.1三明治。天然酵母發酵而成的特製小圓麵包，在供餐前會先烘烤至表面呈現酥脆口感的狀態。因為是由天然酵母製成，咀嚼後的甜味和一口氣擴散的辣味印度烤雞十分契合。

<BORDER POINT>

辣味刺激且分量十足的雞肉
讓人心滿意足的三明治

# 印度烤雞三明治

## 材料

小圓麵包…1個　印度烤雞（＊1）…1片
切達起司…1片　綠葉萵苣…1片　萵苣…1片
番茄（切片）…1片　洋蔥（切片）…適量
青椒（切片）…適量　黑橄欖…適量
醃黃瓜…適量　黑胡椒…適量　印度烤雞醬（＊2）…適量

＊1　印度烤雞
雞腿肉…1片　鹽、胡椒…適量
※前一天的事前準備。雞腿肉斜切使其面積加大後切成兩
　半，托盤上均勻鋪滿鹽和黑胡椒，然後擺放上雞腿肉。朝
　著雞腿肉撒上鹽和胡椒，重複相同動作將雞腿肉往上堆
　疊，接著放入冰箱冷藏一個晚上。
＜醃漬醬汁＞
原味優格…2l　薑…半片
蒜油…2大匙　孜然…2大匙
甜椒粉…2大匙　綜合辛香料…1大匙
辣椒粉…2大匙　卡宴辣椒粉…1大匙
香菜籽…1大匙　咖哩粉…1小匙
大蒜粉…10大匙
※原味優格底下鋪上濾布放在濾網上靜置約4～5個小時
　（勤快地倒掉水分）。接著將醃漬醬汁的所有材料放入調理
　碗中混合，然後只塗抹在已經靜置一晚時間的雞腿肉下
　方，塗抹後放入保鮮盒內堆疊，再放入冰箱冷藏。

＜作法＞將醃漬過的8片雞腿肉擺放在鐵網上，接著放入預熱
　過的烤箱內，以200℃烘烤19分鐘，皮的部分朝上可利於
　烤到表面酥脆，內部多汁的狀態 a 。烤好的烤雞肉用刀子
　切開。

＊2　印度烤雞醬
香菜…1袋　洋蔥…120g　大蒜…適量
番茄…1/2顆　孜然…2大匙
甜椒粉…2大匙　卡宴辣椒粉…1大匙
美乃滋…500g　橄欖油…適量
＜作法＞將材料全都倒入攪拌器內攪打成醬料。

## 作法

1 在烤雞上放上起司，連同小圓麵包一起放入烤箱烘烤。烘
　烤至小圓麵包表面呈現微焦狀態即可。
2 堆疊蔬菜。依序放上紅葉萵苣、萵苣、番茄、洋蔥和青
　椒，然後以黑橄欖和醃黃瓜做裝飾，再撒上黑胡椒。
3 將 2 擺放至小圓麵包上，淋上印度烤雞醬。最後放上在烤
　箱內加熱過的印度烤雞，再覆蓋上小圓麵包後就完成。

將外皮朝上烘烤而飄散出大量香味。

將美國費城的知名料理經過巧思所變化出的三明治餐點。牛排肉加上大量的切達起司、莫札瑞拉起司和帕瑪森起司的大分量料理。

<DAY&NIGHT>

熱呼呼的起司和牛肉散發十足魅力
在美國是高人氣的招牌三明治

# 費城起司牛肉三明治

**材料**

麵包…2片
美乃滋…2大匙
顆粒黃芥末醬…1小匙
奶油炒洋蔥…50g
牛排肉（肋眼）…130g
切達起司…2片（30g）
莫札瑞拉起司…1片（15g）
帕馬森起司…4g

**作法**

1. 麵包塗抹奶油後放在鐵板上煎烤，接著塗抹黃芥末醬和美乃滋。
2. 將肋眼牛排肉放在鐵板上煎烤，然後切成小塊。
3. 將煎烤過的洋蔥和3個種類的起司放在 2 上，加熱至起司融化的狀態。
4. 將 3 擺放在麵包上，覆蓋上另1片麵包，然後對半切開。

在客人點餐後才在鐵板上煎烤的雞胸肉上擺放起司，接著淋上羅勒青醬。麵包就像蓋子一樣將餡料蓋住，起司就能靠著肉的餘溫融化。會牽絲的起司和雞肉、羅勒青醬的濃郁風味，然後是義大利涼拌捲心菜的清爽感，理所當然成為開店以來的人氣餐點。　　　　　　　　　<R.O.STAR>

分量十足的餐點讓人
幸福感激升！

# 羅勒起司雞肉三明治

**材料**

軟式法國麵包…1條
雞胸肉…60g
羅勒青醬…1大匙
起司條…10g
萵苣…1片
番茄…2片
義大利涼拌捲心菜（＊1）…50g

＊1　義大利涼拌捲心菜（方便製作的分量）
高麗菜（切絲）…500g
紅蘿蔔（切絲）…125g
蘋果醋…15g
檸檬汁…7g
鹽…10g
橄欖油…75g
<作法>將高麗菜和紅蘿蔔放入碗裡，加入蘋果醋和檸檬汁混
　　合均勻，然後再加入鹽和橄欖油 a 。

**作法**

1. 雞胸肉經過調味後放在鐵板上煎烤，放上起司條藉由肉的
熱度使其融化。
2. 軟式法國麵包橫向切開，放入烤箱烘烤。接著放上萵苣、
番茄、涼拌捲心菜和雞胸肉，再淋上羅勒青醬，然後覆蓋
上麵包。

店內的每一道餐點
都有紅蘿蔔和高麗
菜組成的義大利涼
拌捲心菜作為基礎
餡料。不但能增加
餐點的飽足感，也
是能大量攝取蔬菜
的健康三明治。

### >>> 牛排三明治

因為想讓人能大口吃肉而設計出這道餐點，並插上鐵串增加視覺效果。由於是晚餐限定的料理，所以相當受到男性顧客的歡迎。牛排的部分是使用熟成肉，客人點餐後才切肉放在鐵板上煎烤。最後還會放上橄欖油炒過的蒜片，對於餐點的香氣與口感都有加分作用。

<松風SAND&BAR>

串起250g的牛排肉
散發豪氣的三明治

# 牛排三明治

## 材料

吐司…2片
顆粒黃芥末醬…1小匙
瑪琪琳…1/2小匙
牛排肉…250g
橄欖油…適量
大蒜（薄片）…5g
洋蔥切片…10g
煙燻醬汁…15g
綠葉萵苣…15g

## 作法

1. 平底鍋內倒入橄欖油開火熱鍋，放入蒜片拌炒，然後再放入牛排肉煎烤。
2. 牛排肉縱向對切成兩半，讓肉汁能夠完全滲透 a 。
3. 吐司烘烤後，1片吐司先塗抹瑪琪琳和顆粒黃芥末醬，接著放上綠葉萵苣、牛排，再淋上煙燻醬汁並放上綠葉萵苣 b 。
4. 放上另1片內側塗抹瑪琪琳和顆粒黃芥末醬的吐司，然後用刀子切十字分成4等分，接著以鐵串固定，最後在牛排肉上擺放蒜片 c 。

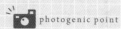
photogenic point

### 牛排的濃縮風味

將250g的牛排肉以鐵串固定，透過牛排肉的烤色來提升美味度，而最後放上的蒜片更是肩負刺激食慾的重責大任。

>>> 漢堡排三明治
-------------------------

沒有混雜其他肉類，以使用100％純牛肉的自製漢堡排作為主角，在女性族群中也十分具有人氣
的分量感三明治。漢堡排是在客人點餐後才煎烤，所以能品嚐到新鮮的美味肉汁。最後放上的萵
苣則是能增加一口咬下的清脆口感。 　　　　　　　　　　　　　　＜自家焙煎珈琲みじんこ＞

夾入100%牛肉製成的漢堡排
賣點在於充滿肉汁和奢侈的外觀

# 牛肉漢堡排三明治

**材料**

吐司（1.3cm厚）…2片
奶油…適量
黃芥末醬…適量
漢堡排（＊1）…120g
洋蔥（切片）…10g
番茄（切片）…1片
美乃滋…10g
萵苣…1片

＊1　漢堡排（1人份）
　　牛肩肉…70g
　　牛腹肉…50g
　　鹽、胡椒…各適量
＜作法＞牛肉各自以菜刀切成偏粗的絞肉狀態。將牛肉放入碗
　　裡仔細搓揉，然後加入鹽和胡椒調味，捏製成橢圓形。

**作法**

1. 將吐司外側那一面都塗抹奶油，其中1片吐司內側還要塗抹黃芥末醬。
2. 客人點餐後開始煎漢堡排，煎好後放在 1 塗抹黃芥末醬的那一面。
3. 漢堡排上依序放上洋蔥、番茄，接著放上另1片吐司，然後煎烤約2分鐘。
4. 將吐司先拿開，淋上美乃滋後放上萵苣，接著再將吐司放回去。
5. 從中間對半切開。

photogenic point

### 偏粗的絞肉增加咬勁

考慮到牛肉脂肪和瘦肉的比例，而選擇直接以刀子切碎牛肉，為的就是要增加肉的嚼勁。而能夠直接感受到吃肉口感的外觀，更是吸引喜歡吃肉的女性的一大賣點。

>>> 煙燻肉三明治
- - - - - - - - - - - - - - - - - - - -

提到美式三明治時，不能遺忘的就是煙燻肉三明治，作法是將醃漬過的肉煙燻後切成薄片。其中的魯賓三明治就是夾入煙燻肉和德國酸菜的傳統三明治，德國酸菜的酸味搭配上煙燻肉的鹹味，以及濃郁的切達起司，因為有這三種風味的融合，而成為這家店的代表性餐點之一。

＜Qino's Manhattan New York＞

這就是紐約風！
堆得像小山一樣的煙燻肉三明治

# 紐約魯賓三明治

**材料**

十穀英式麵包（8片裝）…2片
煙燻肉…160 g
德國酸菜…30 g
切達起司…2片
法式黃芥末醬…適量
美式黃芥末醬…適量

**作法**

1 煙燻肉放在鐵板上稍微煎烤 a 。

2 十穀英式麵包2片烘烤後，放在上方的麵包要烤到稍微上色。底部的麵包塗抹法式黃芥末醬，然後放上切達起司和 1 以及德國酸菜 b 。

3 淋上美式黃芥末醬，接著覆蓋上另1片麵包，從中間對半切開 c 。

4 往上堆疊，以鐵串固定三明治。

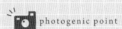

photogenic point

### 縱向堆高吸睛程度 UP ！

為了讓食材更顯凸出，想出了將三明治切開後，以鐵串縱向插入使其立起的方式提供餐點。

店家自製的烤牛肉是使用塗抹鹽、胡椒和鹽麴的1kg牛腿肉，採用真空調理方式，以60℃持續加熱2小時，1人份的餐點有120g的牛肉分量。為了展現牛肉本身的風味，搭配了紅酒醬汁和作為辣味來源的獅子唐青椒以及紫洋蔥。並選用了厚度有2.5cm的全麥方形吐司來包覆住極具分量的食材。

<TOLO SAND HAUS>

不惜成本的
高檔烤牛肉三明治！

# 烤牛肉三明治

**材料**

烤牛肉（＊1）…120g
紅酒醬汁（＊2）…2大匙
奶油…適量
2種萵苣（紅葉萵苣和萵苣）…50g
黃芥末美乃滋…2大匙
帕達諾起司、黑胡椒…適量
獅子唐青椒（切片）…1條分量
紫洋蔥（切片）…1小搓
全麥吐司（8片裝）…2片

＊1　烤牛肉（牛腿肉1kg分量）
　牛腿肉…1kg
　鹽麴…4～5大匙
＜作法＞牛腿肉塗抹鹽、胡椒和鹽麴，靜置一晚時間，透過真
　　　空調理方式以60℃持續加熱2小時（為了殺菌會一度調高
　　　溫度到達68℃，之後就降低為60℃）。

＊2　紅酒醬汁（方便製作的分量）
　大蒜（切末）…30g
　洋蔥（切片）…150g
　有鹽奶油…50g
　紅酒…150g
　砂糖…20g
　義大利香醋（經過燉煮）…5g
　牛肉燴醬…300g
＜作法＞以蒜頭爆香後加入奶油和洋蔥，拌炒至洋蔥變軟就倒
　　　入紅酒燉煮至酒精蒸發，接著加入砂糖和義大利香醋，持
　　　續燉煮至整體剩下約140g左右程度，最後加入牛肉燴醬就
　　　完成了。

**作法**

1 將塗抹奶油並稍微烤過的全麥吐司塗抹黃芥末美乃滋，然
　後放上萵苣 a 。

2 切成薄片的烤牛肉加入紅酒醬汁和獅子唐青椒、紫洋蔥混
　合攪拌。

3 將2平鋪在1上，撒上帕達諾起司和黑胡椒 b ，然後以烘
　焙紙包覆，從中間對半切開 c 。

厚度有2cm的炸火腿和大量的高麗菜，視覺
上產生強烈存在感的豪爽巨蛋型三明治。
通常是使用薄火腿，但店家所選用的火腿
厚度不但能吸引人目光，搭配上高麗菜絲
的口感更是契合。店家僅提供外帶服務，
在男性族群中相當具有人氣。

＜松風SAND&BAR＞

將令人感到懷念的炸火腿
以富有動感的厚度呈現

# 超厚炸火腿三明治

**材料** ※切成2人份的分量

吐司…2片
炸火腿（豬背肉火腿）…150g
辣味美乃滋…10g
豬排醬…20g
高麗菜（切絲）…120g
烘焙紙…1張

**作法**

1 將火腿裹粉後放入油鍋油炸 a 。
2 準備2片吐司。
3 吐司塗抹辣味美乃滋，然後放上炸火腿再淋上豬排醬 b 。
4 堆疊擺放上高麗菜絲，接著覆蓋上另1片吐司。
5 以烘焙紙包覆後從中間對半切開 c 。

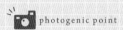
📷 photogenic point

### 嶄新的巨蛋型斷面！

在炸火腿上堆疊大量的高麗菜絲，然後再覆蓋吐司。
不需要按壓吐司中央，只要輕輕地將兩端下壓弄成圓
弧狀，以烘焙紙包覆後對切開來。

將雞肉和舞菇放入平底鍋，從外皮那一面煎烤直到冒出香味，然後連同平底鍋一起放入烤箱。選用無異味的葡萄乾酵母所製成的法國麵包，並將平底鍋內的食材濃縮汁液作為醬汁使用，而成為料理的一大亮點。

< PARLOUR江古田 >

同時享用慢煎烤出的
雞肉美味與舞菇香氣

# 雞肉舞菇煎烤三明治

**材料**

葡萄乾酵母法國麵包…1條
雞腿肉…1片（約150g）
舞菇…30g
油…適量
鹽…適量

**作法**

1 平底鍋倒入油後開火，雞腿肉的兩面都撒上鹽，以中火從
外皮開始油煎 a 。

2 接著放入舞菇持續煎烤，然後將平底鍋整個放入烤箱加熱5
分鐘 b 。

3 法國麵包橫向對切成兩半，下方的麵包放上 2 ，淋上平底
鍋內的汁液，然後覆蓋上另1片麵包 c 。

4 從中間對半切開。

photogenic point

### 法國麵包斷面要切整齊

手掌輕壓住法國麵包，使用刀子一口氣劃開切口。

煙燻雞肉只要稍微煎烤就會有香味飄出，搭配上高達起司一起享用，
為清淡的食材增添風味。　　　　　　＜Qino's Manhattan New York＞

直接感受到煙燻雞肉的美味

# 雞肉三明治

## 材料

十穀英式麵包…2片
煙燻雞肉…60g
蘿蔓萵苣…5片
高達起司…1片
苜蓿芽…10g
羅勒青醬…適量
黃芥末醬…適量
美乃滋…適量
鹽、胡椒…適量

## 作法

1. 煙燻雞肉放在鐵板上稍微煎烤，撒上鹽和胡椒調味 a 。
2. 烘烤2片十穀英式麵包。
3. 下方的麵包內側塗抹黃芥末醬，依序放上蘿蔓萵苣和高達起司 b 。
4. 接著放上煙燻雞肉和苜蓿芽，再淋上羅勒青醬。
5. 上方的麵包內側塗抹美乃滋後覆蓋在 4 上，從中間對半切開 c 。
6. 縱向堆疊以鐵串固定。

photogenic point

### 中間餡料隆起

要做出斷面具有視覺效果的三明治，重點在於要將食材和醬料都堆疊在麵包的中央部位。

充分在斷面展現出餡料色彩對比以及分量感的熱烤三明治。萵苣的綠色、番茄的紅色和水煮蛋的黃色，考慮到配色平衡而選用這些了食材。水煮蛋的部分並非切片，而是刻意切成大塊，雞肉也是切厚的斜切，營造出食材的存在感。

強調餡料色彩與存在感，
從斷面就能感受到分量感的三明治！

# 照燒雞肉水煮蛋三明治

## 材料

吐司（1.3cm厚）…2片
奶油…適量
照燒雞肉（＊1）…50g
洋蔥（切片）…5g
水煮蛋…1個
番茄（切片）…1片
美乃滋…適量
萵苣…1片

＊1　照燒雞肉（方便製作的分量）
　　雞胸肉（去皮）…1片
　　鹽麴…5g
　　照燒醬
　　└ 紅酒…100g　醬油…50g　砂糖…50g
＜作法＞雞胸肉表面塗抹鹽麴，放入烤箱慢慢烘烤。照燒醬的
　　材料放入小鍋內燉煮，接著放入雞胸肉醃漬一個晚上。

## 作法

1. 吐司的外側都塗抹奶油。
2. 將斜切的照燒雞肉放在其中1片吐司沒有塗抹奶油的那一面。
3. 然後再依序放上洋蔥、縱向對切的水煮蛋和番茄。
4. 放上另1片吐司，然後將三明治烘烤加熱2分鐘。
5. 將上方的吐司先拿開，淋上美乃滋再放上萵苣，接著再將吐司覆蓋回去。
6. 從中間對半切開。

photogenic point

### 萵苣要最後才放

由於萵苣遇熱會失去新鮮度，顏色會變不好看，味道
也會變差。在三明治加熱後再放入萵苣，多一個步驟
就能讓外觀增色不少。

一口氣大量放上現在十分受歡迎的雞肉沙拉做成的三明治。搭配上新鮮的蔬菜，視覺上十分清爽，成為相當適合在夏天享用的健康餐點。雞胸肉除了要先醃漬一個晚上，還會再加上橄欖醬提升雞肉的風味。　　　　　　　　　　　　　　　　　　　　　　＜自家焙煎珈琲みじんこ＞

夾入大量的雞肉沙拉
和蔬菜帶來的清爽感

# 檸檬雞肉沙拉三明治

**材料**

吐司（1.3cm厚）…2片
奶油…適量
橄欖醬（＊1）…15g
雞肉沙拉（＊2）…70g
洋蔥（切片）…5g
番茄…1片
萵苣…1片

**＊1　橄欖醬（方便製作的分量）**
　　黑橄欖（去籽）…150g　鯷魚醬…4g
　　義大利香醋…10g　砂糖…3g　鹽…3g
　　胡椒…1g　普羅旺斯香草…0.5g
　　<作法>將所有材料都放入食物調理機攪打成泥狀。

**＊2　雞肉沙拉（方便製作的分量）**
　　A
　　┌ 鹽…4g　黑胡椒…4g　小蘇打粉…2g　水…20ml
　　└ 檸檬（果汁）…1/4顆分量
　　雞胸肉（去皮）…1片
　　<作法>A混合後放入雞胸肉醃漬一個晚上。將醃漬醬汁連同
　　　　雞肉倒入鍋中，接著倒入快要蓋過食材的水後開火。燉煮
　　　　到雞肉全熟狀態就可取出。

**作法**

1 吐司外側都塗抹奶油，其中1片吐司的內側塗抹橄欖醬。
2 接著依序放上切成方形的雞肉沙拉、洋蔥、番茄，蓋上另1
　片吐司，然後將整個三明治煎烤2分鐘。
3 烤好之後先將上面的吐司拿開，放上萵苣後再覆蓋回去。
4 從中間對半切開。

photogenic point

### 雞肉沙拉切成方形

雞肉沙拉切成方形而不是切片，就是要營造視覺上的
分量感。經過一個晚上醃漬的雞肉就算切成方形也能
保持肉質軟嫩，看起來更加美味。

以自製火腿聞名的這家店，作法是與辛香料和香味蔬菜一同長時間浸泡在醃漬液內，並選用以葡萄乾和小麥等二種酵母製成，加入全麥麵粉揉製香氣倍增的拖鞋麵包，恰到好處的鹹味，最適合與葡萄酒一起享用。　　　　　　　　　　　　　　　　　　　　　　　< PARLOUR江古田 >

帶有柔和鹹味的店家自製火腿
搭配法式醃漬紅蘿蔔的簡單滋味

# 自製火腿三明治

**材料**

拖鞋麵包…1個
自製火腿（作法參照P140）…100g
法式醃漬紅蘿蔔…50g
黃芥末醬…適量
胡椒…適量
特級初榨橄欖油…適量

**作法**

1. 拖鞋麵包橫向對切成兩半，底部的麵包塗抹黃芥末醬，再放上自製火腿。
2. 接著放上法式醃漬紅蘿蔔，撒上胡椒和淋上特級初榨橄欖油。
3. 放上另1片麵包後從中間對半切開。

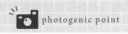
photogenic point

### 擺放時要向上堆疊

將切絲的法式醃漬紅蘿蔔向上堆疊增加厚度，讓三明治的斷面色彩變得鮮豔。

帶有辣味的肉醬咖哩三明治。為了平衡色彩，選擇將莫札瑞拉起司和番茄放在上層麵包上方而不是放入麵包內，這樣就能營造出加熱後的外觀變化。蘆筍的口感和番茄明顯的酸味，讓人可以一口接著一口都不會吃膩。

〈自家焙煎珈琲みじんこ〉

不單單只是夾入餡料，
還將食材放在最上方營造視覺變化

# 肉醬咖哩三明治

**材料**

裸麥麵包（1.3cm厚）…2片
肉醬咖哩（＊1）…100g
綠蘆筍…1根
番茄（切片）…1片
莫札瑞拉起司…40g

＊1　肉醬咖哩（1人份）
沙拉油…1大匙
大蒜（切碎）…2g
絞肉（牛、豬混和）…60g
洋蔥醬…30g
A
　咖哩粉…2g　高湯粉…1g
　伍斯特醬…0.5g　番茄泥…1g
　番茄醬…0.5g　芹菜籽…少許
水…5ml　綜合辛香料…適量
無鹽奶油…4g

＜作法＞平底鍋內倒入沙拉油並放入大蒜，以小火拌炒。炒出
香味後加入絞肉拌炒，接著再加入洋蔥醬持續拌炒。然後
倒入已經混合好的A和水，稍微拌炒攪拌融化至均勻狀
態。依喜好加入綜合辛香料增加辣味，最後加入奶油攪拌
均勻。

**作法**

1 在其中1片麵包上均勻放上肉醬咖哩。
2 將切成3等分的綠蘆筍平均擺放在 1 上。
3 覆蓋上另1片裸麥麵包，然後在麵包上依序放上番茄和莫札
　瑞拉起司。
4 以烘焙紙從上方覆蓋，然後煎烤2分鐘。
5 從中間對半切開。

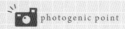

photogenic point

### 可替換成當季蔬菜

除了綠蘆筍以外，也可以放入秋葵和玉米筍等蔬菜。
透過蔬菜的變換就能夠從斷面感受到季節感變化。

## >>> 鮪魚三明治

為了凸顯起司在三明治當中的存在感,而加入了切達起司和白切達起司等2種起司。以黑橄欖為
溫和的味道做提味。店內提供另外附上紅葉萵苣沙拉,或是直接將沙拉放進三明治裡的餐點選擇
方式。沙拉的部分為切好的紅葉萵苣、幼苗葉菜和當季蔬菜,再淋上洋蔥醬汁。

＜King George＞

鮪魚×起司的黃金組合
再以黑橄欖提味

# 鮪魚起司三明治

**材料**

黑芝麻粒吐司（6片裝）…2片
鮪魚（水煮）…80g
低脂美乃滋…適量
黑橄欖（去籽）…2粒
切達起司…1片
番茄片…2片
白切達起司…1片
紅葉萵苣…3～5片
醃黃瓜（依喜好）…1條

**作法**

1 將鮪魚和美乃滋混合後塗抹在1片吐司上，然後再放上壓扁
  的黑橄欖和切達起司。
2 另1片吐司則是放上番茄和白色切達起司。
3 將1和2分開放入烤箱烘烤。
4 等到烘烤至上色後就將2片吐司夾在一起，以烘焙紙整齊包
  覆。
5 接著依個人喜好，將對半切開的醃黃瓜隔著烘焙紙以牙籤
  插入。
6 從烘焙紙包覆的三明治中間對半切開。

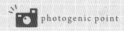

photogenic point

吐司、鮪魚和美乃滋的白色系顏色搭配當中，穿插了
黑芝麻和橄欖的黑色和番茄的紅色，加入鮮豔色讓整
個三明治變得顯眼許多。

在鮪魚美乃滋和疏菜的傳統組合當中加入核桃點綴，增加口感的方式讓人印象深刻。

&lt;Qino's Manhattan New York&gt;

味道單純的鮪魚加入核桃
而讓口感大躍進

# 鮪魚三明治

**材料**

十穀英式麵包…2片
鮪魚美乃滋（加胡椒）…95g
核桃（敲碎）…大的1顆
苜蓿芽…10g
小黃瓜（切片）…6片
法式黃芥末醬…適量
美乃滋…少許

**作法**

1 2片十穀英式麵包放入烤箱稍微烘烤。
2 1片麵包塗抹黃芥末醬。
3 然後放上鮪魚美乃滋、核桃、小黃瓜和苜蓿芽，再覆蓋上塗抹美乃滋的另1片麵包，從中間對半切開，然後縱向堆疊以鐵串固定。

白色、紅色和綠色的對比色彩十分鮮艷，使用簡單的食材，卻能發揮濃縮美味效果的健康取向三明治。

<Qino's Manhattan New York>

番茄與莫札瑞拉起司的組合再加上酪梨
成為大受女性歡迎的餐點

# 莫札瑞拉番茄酪梨三明治

**材料**

十穀英式麵包…2片
番茄（切片）…2片
酪梨…1/4顆
橄欖（水煮）切片…6片
莫札瑞拉起司…1片
羅勒青醬…1小匙
黃芥末醬…適量
美乃滋…適量
鹽、胡椒…適量

**作法**

1. 烘烤2片十穀英式麵包，放在上方的麵包要烤到稍微上色，內側塗抹黃芥末醬 a。
2. 接著將酪梨切成薄片。
3. 依序放上番茄片、莫札瑞拉起司、羅勒青醬、橄欖和酪梨，然後撒上鹽和胡椒。
4. 另1片麵包內側塗抹美乃滋後覆蓋在 3 上，從中間對半切開，縱向堆疊以鐵串固定。

a

能夠品嚐到煙燻鮭魚美味的三明治，為該店女性顧客點餐率No.1的餐點。為了讓吐司在烘烤後產生些許的微苦甜感，而選用了加入黑糖製作的吐司。味道當然是在水準之上，就連外觀也是賞心悅目。

<Ignition Switch>

黑糖吐司夾入煙燻鮭魚的
三明治

# 煙燻鮭魚酪梨三明治

**材料**

黑糖吐司（切成略薄於1cm厚度）…2片
紅葉萵苣…2片
番茄片（5mm厚）…1片
酪梨沙拉（＊1）…適量
自製煙燻鮭魚…2片
奶油起司…適量

＊1　酪梨沙拉（方便製作的分量）
　　1cm厚的酪梨方形切塊…1/4顆
　　葉菜類蔬菜…適量
　　美乃滋…適量
＜作法＞將酪梨大略壓成泥狀，然後和葉菜類蔬菜、美乃滋均
　　勻混合。

**作法**

1　黑糖吐司表面都塗抹奶油，接著放在鐵板上煎烤表面。

2　在黑糖吐司的內側塗抹奶油起司，依序放上煙燻鮭魚、酪
　　梨沙拉、番茄、紅葉萵苣再淋上美乃滋，再覆蓋上另1片吐
　　司，最後從中間對半切開。

將水煮雞肉撕成好入口的大小，接著和起司一起放入烤箱烘烤的健康三明治。還使用了加入黃芥末醬等口味偏甜的美乃滋醬料。有培根和煙燻肉等共11種餡料食材供選擇，其中的酪梨相當受到女性顧客的青睞。

<BORDER POINT>

吸引女性目光
主角是低熱量的雞胸肉

# 酪梨三明治

## 材料

水煮雞胸肉（※1）…約18g
高達起司…1片
甜味美乃滋（※2）…少許
小圓麵包…1個
涼拌捲心菜…2大匙
酪梨切片…4片
萵苣…1片


※1　水煮雞胸肉（1次製作分量）
　　水…適量
　　月桂葉…7～8片
　　雞胸肉…3～4片（1片各約500g）
　　冰塊…適量
　＜作法＞圓筒深鍋倒入水並放入月桂葉，開火煮至沸騰再放入
　　　雞胸肉，要水煮約1小時20分鐘。接著將雞胸肉取出對切
　　　確認是否都煮熟，然後再將冰塊倒入鍋中幫助降溫。


※2　甜味美乃滋（1次製作分量）
　　美乃滋…700g
　　黃芥末醬…110g
　　砂糖…48g
　＜作法＞將美乃滋、黃芥末醬和砂糖混合攪拌均勻。

## 作法

1 將雞胸肉（約18g）撕成細條狀放在烘焙紙上，淋上少許
　美乃滋和放上少許高達起司，接著放入烤箱烘烤至上色狀
　態。
2 小圓麵包橫向對半切開放入烤箱烘烤。下方的麵包依序放
　上涼拌捲心菜、酪梨、萵苣和1。
3 淋上甜味美乃滋後覆蓋上另1片麵包。

三明治餡料包括有深受女性喜愛的酪梨和加入牛蒡的芝麻美乃滋，以及義大利涼拌捲心菜。口感滑順的酪梨和芝麻美乃滋的組合竟然出乎意料的合適。

<R.O.STAR>

蔬菜滿載的健康三明治
深得女性顧客青睞

# 酪梨蔬菜三明治

**材料**

軟式法國麵包 a …1條
酪梨（1cm方形）…1/2顆
加入牛蒡的芝麻美乃滋…2大匙
萵苣…1片
番茄…2片
義大利涼拌捲心菜（＊1）…50g

＊1　義大利涼拌捲心菜（方便製作的分量）
　高麗菜（切絲）…500g
　紅蘿蔔（切絲）…125g
　蘋果醋…15g
　檸檬汁…7g
　鹽…10g
　橄欖油…75g
〈作法〉高麗菜和紅蘿蔔放入碗裡，倒入蘋果醋和檸檬汁混合
　攪拌均勻，然後再加入鹽和橄欖油。

**作法**

1 法國麵包橫向切開放入烤箱內烘烤。接著依序放上萵苣、番茄、義大利涼拌捲心菜，然後淋上加入牛蒡的芝麻美乃滋，最後再放上酪梨塊。

店內所有三明治餐點所使用的法國麵包皆為店家自製產品。不夾餡料直接品嚐也很美味，具有香脆口感的同時，還保有和食材一起品嚐時的鬆軟度，這些都是店家在多次嘗試後才獲得的成果。

>>> 厚煎蛋三明治

店內的代表性餐點，承襲了已歇業的京都知名西餐廳「KORONA」的口味。總店的「喫茶
MADRAGUE」是將「KORONA」原有的味道做出變化，不過該店則是提供原味餐點。特色在於
濃醇的牛肉燉醬搭配上蓋上鍋蓋燜煮的柔軟厚煎蛋。而為了營造柔軟口感，使用的是不需烘烤的
方形吐司，並且去邊。咖啡的部分是維也納咖啡，其中艾斯班拿咖啡會附上打發的鮮奶油，能夠

承襲名店味道
追求鬆軟口感

# KORONA傳統厚煎蛋三明治

## 材料

雞蛋（M尺寸）…4顆
鹽…2/3小匙
胡椒…少許
昆布高湯粉…1/3小匙
牛奶…60ml
奶油…5g
沙拉油…1大匙
方形吐司…2片
黃芥末醬…略少於1大匙
牛肉燉醬…略少於1大匙

📷 photogenic point

吐司邊要在夾入餡料後再切除。

## 作法

1. 碗裡放入雞蛋、鹽、胡椒、昆布高湯粉和牛奶。雖然在「KORONA」的作法會加入鮮味調味料，但因為不想要有過多的調味，所以選用了昆布高湯粉。

2. 使用打蛋器將①攪拌混合 a 。為了不要拌入空氣，所以打蛋要以橫向傾斜方式攪拌混合。如果有蛋白殘留就會導致做出來的成品無法呈現漂亮的黃色，所以要確實混合均勻。

3. 平底鍋以中火熱鍋，放入奶油和沙拉油。奶油融化後就將②的蛋液都倒入鍋中，直到蛋液在鍋中凝固前，都要持續使用筷子攪動鍋中的蛋液表面 b 。

4. 等到蛋液全都凝固後就關火，蓋上鍋蓋等待1分鐘。利用燜煮方式增加煎蛋的體積，營造出鬆軟的口感。

5. 1分鐘後將鍋蓋打開，煎蛋縱向對折，接著橫向朝中心折3折 c 。

6. 吐司塗抹黃芥末醬後放上⑤，再覆蓋上塗抹牛肉燉醬的吐司。然後以手掌輕輕地按壓整個三明治30秒鐘，讓吐司能夠確實緊貼。夾緊後就要將負責擋住餡料的吐司邊切掉，這樣鬆軟的厚煎蛋就不會從吐司裡滑出來，視覺上會更加美觀。切掉吐司邊後再切成4等分就可以端上桌。

a

b

c

麵包的部分是選用和熱狗堡麵包一樣柔軟的軟式法國麵包。一次使用3顆雞蛋製成的歐姆蛋，為了做出鬆軟的口感，秘訣在於會另外加入打發的蛋白。三明治餐點只要再加價300日幣就會附贈飲料，也能外帶享用。　　　　　　　　　　　　　　＜Cafe Green Room／もっきりバル＞

將另外打發的蛋白霜加入蛋液
就能做出口感輕盈鬆軟的歐姆蛋

# 鬆軟起司歐姆蛋三明治

**材料**

軟式法國麵包（20cm）…1條
北海道綜合起司…適量
自製醃黃瓜美乃滋…適量
蛋黃…3顆分量
蛋白…3顆分量
香草鹽…適量
奶油…15g
番茄醬…適量

**作法**

1. 軟式法國麵包橫向對切成兩半。
2. 將雞蛋的蛋黃和蛋白分開，蛋白要打成發泡狀態的蛋白霜。蛋黃打散後，避免消泡地將蛋白霜、香草鹽、綜合起司加入混拌。
3. 平底鍋放入奶油熱鍋，倒入蛋液做出鬆軟的起司歐姆蛋。
4. 下方的麵包塗抹自製醃黃瓜美乃滋，接著放上起司歐姆蛋，再淋上番茄醬，最後覆蓋上另1片麵包。

吐司塗抹美乃滋和柚子胡椒，再放上海苔、紫蘇葉、涼拌捲心菜、高湯煎蛋捲和切達起司等餡料的日式三明治。

＜GOOD TIME＞

對自製食材相當講究
餡料滿載的外帶三明治

# 和風日式三明治

**材料**

吐司…2片
美乃滋…適量
柚子胡椒…適量
海苔（約10cm×12cm）…2片
切達起司（切片）…3片
小黃瓜（切片）…3片
蘿蔔嬰…10g
紫蘇葉…2片
高湯煎蛋捲（＊1）…1條
涼拌捲心菜…37g

＊1　高湯煎蛋捲
　　雞蛋…2顆
　　白高湯…20ml
　　水…30ml
＜作法＞將蛋液和高湯混合攪拌，使用專門煎蛋的平底鍋煎成
　　薄薄的蛋皮，然後朝自己的方向將蛋皮捲起來。接著再倒
　　入蛋液，以相同方式煎蛋皮直到蛋液倒完為止。

**作法**

1 吐司烘烤後將上方的吐司內側塗抹美乃滋和柚子胡椒。
2 吐司依序放上海苔、切達起司、小黃瓜、蘿蔔嬰、紫蘇葉、高湯煎蛋捲、涼拌捲心菜、紫蘇葉和海苔，然後覆蓋上另1片吐司，以烘焙紙包覆，再從中間對半切開。

細心地進行事前處理，花費4~5天製作而成的法式鄉村豬肝肉醬（Pâté de campagne），將紅酒、泡盛等酒類，以及小荳蔻等辛香料的美味濃縮進豬肉裡，是該店的自信作。麵包是選用以葡萄乾和小麥等二種酵母製成，麵團裡加入黑芝麻，表面撒上白芝麻的芝麻麵包。　　　< PARLOUR江古田 >

存在感無限大
相當費工夫的店內自製豬肝肉醬

# 自製豬肝肉醬三明治

**材料**

芝麻麵包…1個
自製豬肝肉醬（作法參照P136）…100 g
醃漬紅蘿蔔…3條
特級初榨橄欖油、鹽…適量

**作法**

1 芝麻麵包橫向對切成兩半，下方的麵包放上店家自製的豬肝肉醬。
2 接著再放上醃漬的紅蘿蔔，淋上特級初榨橄欖油和撒上少許的鹽。
3 覆蓋上另1片麵包，然後從中間對半切開。

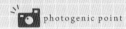

photogenic point

**具分量感的豬肝肉醬！**

厚重的店家自製豬肝肉醬在鮮豔的醃漬紅蘿蔔襯托之下，呈現出漂亮的淡粉紅色。

將沒有去邊的吐司塗抹法式黃芥末醬，再夾入萵苣、美乃滋、雞肝肉醬、醃黃瓜切片和洋蔥切片。其中的雞肝肉醬是使用豬肩粗絞肉來增加口感。濃郁的肉味和黃瓜的酸味，以及萵苣和洋蔥的清爽口感，再加上蕾芥末醬的鹹味都完美融合成一體。非常適合搭配酒類一起享用。

絕對能填飽肚子且分量十足的口感極佳三明治

# 自製雞肝肉醬醃黃瓜黃芥末醬三明治

**材料**

吐司…2片
法式黃芥末醬…1大匙
萵苣…2片
自製雞肝肉醬（＊1）…1cm寬2片
醃黃瓜（切片）…4片
洋蔥（切片）…5g

＊1　自製雞肝肉醬（長29.5cm×寬8cm×高6cm
　　　的法式凍派模型1個分量）
　　豬肩粗絞肉…400g　雞絞肉400g
　　雞肝…300g　洋蔥（切碎）…1顆
　　全蛋…1顆　大蒜（切碎）…1瓣
　　特級初榨橄欖油…適量　鹽…12g
　　白酒…150ml
　　粗黑胡椒粒…適量　培根片…適量
　＜作法＞使用特級初榨橄欖油將洋蔥和大蒜拌炒至呈現焦糖色
　　　狀態。將豬的粗絞肉、雞絞肉、雞肝與白酒混合揉拌至變
　　　得黏稠，接著再依序加入黑胡椒、鹽、拌炒過的洋蔥和大
　　　蒜，每次都要仔細攪拌混合。然後把培根片放入法式凍派
　　　模型底部，將混合肉塞滿模型，放入烤箱內以180℃持續烘
　　　烤直到雞肝肉醬中心溫度達到65℃為止，差不多需要40～
　　　80分鐘左右時間，最後再靜置2天時間。

**作法**

1. 2片吐司烘烤後塗抹法式黃芥末醬，下方的吐司依序放上萵
　苣、自製雞肝肉醬、醃黃瓜和洋蔥切片。
2. 覆蓋上另1片吐司，切成三角形的4等分。

這是以越南式三明治「Bánh mì」為靈感來源，構思出了使用冬天盛產的鮟鱇魚肝作為餡料的和風三明治。將鮟鱇魚肝當成抹醬，魚露的部分則是以秋田的魚調味料 ——「鹽魚汁」來代替，研發出這道帶有些許日式風味的餐點。麵包是選用麵包店「365日」所製作，質地柔軟的長棍麵包。

< CAMELBACK sandwich&espresso >

使用鮟鱇魚肝和鹽魚汁做出的日式越南三明治

# 鮟鱇魚肝抹醬三明治

**材料**

長棍麵包（「365日」麵包店）…長12cm
法國產無鹽發酵奶油…7g
鮟鱇魚肝抹醬（＊1）…15g
小黃瓜（切薄片）…1/6條分量
甜辣醬…1小匙
火腿（腿肉）…1片
鹽魚汁醃蔬菜（＊2）…20g
紫蘇葉…2片
蒔蘿…適量
酢橘…適量

＊1 魚肝抹醬（方便製作的分量）
＜作法＞將鮟鱇魚肝表面的薄層筋膜去除，接著放入容器內倒
入7分滿的酒，加入少許的鹽後蒸煮約30分鐘。然後以湯
匙大略按壓成泥狀。

＊2 鹽魚汁醃蔬菜（方便製作的分量）
＜作法＞白蘿蔔和紅蘿蔔（各適量）切成絲後抹鹽去除水分。
碗裡倒入醋（3大匙）和砂糖（2大匙）混合後放入蔬菜絲
攪拌，接著再放入切絲的日本柚子皮和少許的鹽魚汁混合
均勻調味。

**作法**

1 長棍麵包橫向劃下切口，下方內側塗抹奶油。
2 在1塗抹奶油的上方塗抹鮟鱇魚肝抹醬 a 。
3 接著在2上依序放上小黃瓜、甜辣醬、火腿、醃蔬菜和紫
蘇葉，再撒上時蘿，最後擠上酢橘汁。

因為過去曾經品嚐過由
秋田的仙葉商店所製作
的「鹽魚汁」，而產生
了想要做出這道三明治
餐點的想法。代替魚露
用來醃漬蔬菜。

將鮟鱇魚肝浸泡在酒裡，再大致按壓成泥狀
塗抹在麵包上。不但能品嚐到具有深度的濃
郁鮟鱇魚肝風味，還能展現出季節感。

>>> 開放式三明治
----------------------------

將稍微煙燻過的鴨肉搭配味道契合的柳橙，放在法式
鄉村麵包上面，佐黃芥末調味醬食用，很適合與葡萄
酒一起享用的開放式三明治。將餐點放在能襯托食材
的黑色器具上，再以瓦片餅乾、奶酥和可食用花做裝
飾，就完成這道有藝術感的擺盤。

＜La Première Pousse＞

將器具當成畫布，擁有華麗春天氣息的開放式三明治

# 微煙燻鴨胸肉佐季節水果的
# 法式點心三明治

**材料**

法式鄉村麵包（切成1.5cm）…2片
稍微煙燻的燜煮鴨胸肉（＊1）…6片
菊苣…適量　柳橙…4瓣
紅蘿蔔瓦片餅乾（＊2）…適量
黃芥末醬調味料（＊3）…適量
藍莓…適量　橄欖油…適量
混合蔬菜沙拉（橄欖油和白酒醋調味）…適量
可食用花…適量
藍紋起司奶酥（＊4）…適量　黑胡椒…適量

**＊1　稍微煙燻的燜煮鴨胸肉（1次製作分量）**

鴨胸肉…350g　鹽、胡椒…各適量
＜作法＞鴨胸肉整個抹上鹽和胡椒，放入平底鍋煎至兩面上色
　　　　狀態，接著放入耐熱袋內，再放入80℃的熱水裡加熱約20
　　　　分鐘，讓鴨肉呈現粉紅色。最後再以櫻桃木屑稍微煙燻。

**＊2　紅蘿蔔瓦片餅乾**

＜作法＞紅蘿蔔粉末加入低筋麵粉和水、融化的奶油和橄欖油
　　　　混合均勻，接著將麵糊攤平在耐熱墊上放入烤箱烘烤。

**＊3　黃芥末醬調味料**

＜作法＞將法式黃芥末醬和美乃滋以1：2的比例混合。

**＊4　藍紋起司奶酥**

＜作法＞藍紋起司和低筋麵粉與奶油混合，接著將麵團攤平在
　　　　烤盤上，放入烤箱烘烤至酥脆狀態。

**作法**

1. 在法式鄉村麵包的一側淋上適量橄欖油，再放入烤箱烘烤
　 至表面稍微上色狀態。
2. 在①上依序放上菊苣、鴨肉和柳橙 a b。
3. 接著放上紅蘿蔔瓦片餅乾點綴，再淋上黃芥末醬調味料，
　 接著將藍莓擺放在周圍裝飾並淋上橄欖油。然後放上混合
　 沙拉和可食用花裝飾，最後再撒上藍紋起司奶酥和黑胡椒
　 c。

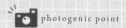

photogenic point

### 利用食材裝飾營造華麗感

可食用花和混合沙拉點綴餐盤成為相機捕捉的焦點，
展現出春天氣息的氛圍。

a

b

c

晚餐時段適合搭配葡萄酒享用的餐點，店家還有提供深受女性歡迎的純釀葡萄酒的附餐組合。

<DAY&NIGHT>

作為搭配葡萄酒享用的點心
可同時品嚐4個種類的開放式三明治

# 黃寶石吐司三明治

**材料**

吐司…1片
無鹽奶油…適量

<融化起司>
　切達起司…8g
　莫札瑞拉起司…8g
　帕馬森起司…2g

<番茄&羅勒>
　小番茄（紅、黃）…各1/2顆
　羅勒葉…1片
　茅屋起司…3g

<新鮮蔬果>
　酪梨…20g
　苜蓿芽…3g
　茅屋起司…3g

<義大利香腸&果醬>
　義大利香腸…2片
　柑橘果醬…1小匙

**作法**

1 吐司塗抹奶油後放在鐵板上煎烤，接著切成4等分。
2 各自放上食材。

>>> 火腿起司三明治
- - - - - - - - - - - - - - - - - - - - - -

淋上大量白醬散發出葛瑞爾起司的香氣，以及店家自製火腿的餡料組合。對半切開的乾燥番茄酸味襯托出火腿起司三明治的美味。加入裸麥和全麥麵粉製成的鄉村麵包帶有粉末的顆粒口感也很令人著迷。

< PARLOUR江古田 >

大量白醬混合起司香氣
乾燥番茄是提味重點！

# 火腿起司三明治

**材料**

鄉村麵包（1cm厚）…2片
白醬…適量
自製火腿…100g
對半切開乾燥番茄…適量
葛瑞爾起司…適量
胡椒…適量

**作法**

1 1片鄉村麵包塗抹薄薄一層白醬，接著放上自製火腿和乾燥番茄。
2 另1片鄉村麵包同樣塗抹薄薄一層白醬，再覆蓋在 1 上，然後放上刨成絲的葛瑞爾起司。
3 放入烤箱以200℃烘烤至起司表面上色，中間呈現溫熱狀態，最後再撒上胡椒。

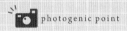

photogenic point

### 烘烤到表面上色提升食欲

白醬經烘烤上色後呈現出的淺色組合，成為火腿起司
三明治的視覺重點，會讓人想大快朵頤。

夾入羊肉綜合肉排,以及飄散孜然氣味的香煎蝦,就
完成這道東方式的漢堡。十足的分量和濃稠的醬料讓
人不自覺想拍照。羊肉搭配上味道強烈的古岡左拉起
司醬料,以及香菜等餡料的組合讓人一吃上癮。
< R BURGER AND LIQUOR BAR 三宿 >

羊肉綜合肉排和香煎蝦的組合！
濃稠的醬料讓人口水直流

# 羊肉香煎蝦古岡左拉起司漢堡

**材料**

羊肉綜合肉排（＊1）…1塊（180g）
香煎蝦（＊2）…5條
古岡左拉起司醬料（＊3）…適量
綜合香草（香菜、時蘿、薄荷、芝麻菜等）…適量
漢堡小圓麵包（加入茴香和葛縷子）…1個

＊1　羊肉綜合肉排（1次製作分量）
羊肩肉…500g　雞腿肉…500g
生薑（磨成泥狀）…1小匙
大蒜（磨成泥狀）…1小匙　香菜…5g
黑胡椒…6g　鹽…15g　魚露…1小匙
甜椒粉…6g　卡宴辣椒粉…4g
＜作法＞羊肉和雞腿肉放進絞肉機內絞成偏粗的絞肉，然後將
所有材料都放進食物調理機內攪打。

＊2　香煎蝦
草蝦…5條
A 大蒜（切碎）…1小匙
　孜然粉…1/2小匙　鹽…少許
　橄欖油…1大匙
＜作法＞將A的材料混合後把蝦子放入浸泡，然後再放到平底
鍋煎熟。

＊3　古岡左拉起司醬料
古岡左拉起司…30g　綜合起司…20g
鮮奶油…15ml
＜作法＞材料放入鍋內混合，以小火燉煮成濃稠的醬料狀態。

**作法**

1 將羊肉綜合肉排（1塊180g）捏製成型，接著放入平底鍋
兩面煎至上色，然後放入烤箱以180℃烘烤約10分鐘 a 。
2 將小圓麵包切開的那一面朝上放入烤箱烘烤，然後放上烘
烤好的 1 。
3 羊肉綜合肉排淋上古岡左拉起司醬料，再放上香煎蝦 b 。
4 最後以堆疊方式放上綜合香草 c 。

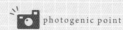 photogenic point

### 醬料要煮出濃稠感

味道濃郁的醬料所呈現出的黏稠感會激發讓人想拍照
的衝動。在燉煮時要注意不要燒焦，持續以小火混合
攪拌加熱煮出濃稠口感。

馬蹄形的小圓麵包十分吸引目光，放入使用岐阜縣的特產 —— 飛
驒牛做成的肉排，以及能夠提升肉類美味程度的特製BBQ醬料，原
創性極高的漢堡。　　　　　　　　　　　　　　＜Blue River Café ＞

使用飛驒牛與特製BBQ醬料
營造出印象深刻的風味

# 馬蹄漢堡

**材料**

小圓麵包…1個
綜合肉排（＊1）…125g
紅葉萵苣…2片
番茄（切片）…1片
起司（切片）…1片
店家特製BBQ醬料（＊2）…2大匙
蜂蜜黃芥末醬…適量

※1　綜合肉排（方便製作的分量）
　飛驒牛絞肉…250g
　美濃健康豬絞肉…250g
　雞蛋（M尺寸）…1顆
　鹽…少許
　粗胡椒粒…適量
　肉豆蔻…1小撮
＜作法＞材料放入碗裡混合後分成4等分。

※2　店家特製BBQ醬料（方便製作的分量）
　醬油…200ml
　味醂…200ml
　薑汁…20ml
　炸蒜片…10g
　紅酒…10ml
　鹽、胡椒…適量
　番茄醬…400ml
＜作法＞將番茄醬以外的材料都放入鍋內混合，加入鹽和胡椒
　以小火燉煮成微稠醬料狀態。然後加入番茄醬燉煮至沸
　騰，最後以濾網過濾，等到降溫後倒入容器內。

**作法**

1 將肉排放在平底鍋或是烤網上煎烤，然後塗抹店家特製
　BBQ醬料。
2 小圓麵包切開，下方麵包塗抹奶油，接著依序放上紅葉萵
　苣、美乃滋、番茄、綜合肉排和起司片，最後覆蓋上塗抹
　蜂蜜黃芥末醬的上方麵包。

以適合魚排漢堡為出發點而選用了這款小圓麵包，加入新鮮的時蘿和奧勒岡葉，在烘烤時還會撒上葛縷子和壓碎的杏仁果。魚排是使用昆布醃漬入味的帶皮竹筴魚，沾附上全麥麵包粉再下鍋油炸，然後再淋上加入5種起司的白酒和香味蔬菜燉煮的醬料，還會附上義大利香醋拌炒的牛蒡。不但是店內最受歡迎的餐點，更是深受女性顧客的喜愛。　　　　　＜TOLO SAND HAUS＞

起司醬料和香料小圓麵包
將酥脆的炸竹筴魚排襯托地更加美味

# 起司魚排香料漢堡

**材料**

竹筴魚肉（帶皮）⋯1片　昆布⋯2片　低筋麵粉⋯適量
蛋液⋯1顆分量　全麥麵包粉⋯適量　顆粒黃芥末醬⋯適量
5種起司醬料（＊1）⋯2大匙
義大利香醋炒牛蒡（＊2）⋯7～8根
小圓麵包（加入新鮮時蘿、奧勒岡葉、葛縷子、壓碎的杏仁
　果）⋯1個

＊1　5種類起司醬料（方便製作的分量）
卡門貝爾起司⋯30g　格呂耶爾起司⋯10g
帕達諾起司⋯10g　起司絲⋯10g
古岡左拉起司⋯10g　洋蔥⋯50g
芹菜⋯10g　生薑⋯3g　大蒜⋯1g
芋頭⋯5g　白酒⋯40g　無鹽奶油⋯15g
香菇⋯100g　鴻喜菇⋯50g　鮮奶油⋯20g

＜作法＞將洋蔥、芹菜、生薑、大蒜、芋頭加入白酒拌炒至軟
　化還沒變色的狀態後，關火加入無鹽奶油。等到奶油融化
　後就可以進行下一個步驟，將擦乾水分的香菇、鴻喜菇
　（加入少許卡宴辣椒粉、無鹽奶油4g、醬油4g，再一起
　放入烤箱烘烤）和鮮奶油一起放入鍋中燉煮，冷卻後放入
　果汁機內仔細攪打成滑順狀態。之後再將各種起司和醬料
　放入鍋中混合，然後淋在小圓麵包和炸好的魚排上。

＊2　義大利香醋炒牛蒡（方便製作的分量）
　牛蒡⋯1條
　稀釋紅酒醋⋯水350ml加上紅酒醋15ml
　義大利香醋⋯適量
＜作法＞牛蒡清洗乾淨，切成3～4cm寬，然後放入稀釋紅酒
　醋裡浸泡，再以義大利香醋拌炒。

**作法**

1 前一天的準備作業。將竹筴魚肉片夾在昆布中間，然後放
　在托盤或容器內靜置一晚時間。
2 將1塗抹低筋麵粉，沾附蛋液，再包裹上全麥麵包粉，接
　著放入165℃的油鍋內油炸3～4分鐘時間。
3 小圓麵包切開後放在烤盤上烘烤至上色狀態，然後塗抹顆
　粒黃芥末醬。
4 依序夾入義大利香醋炒牛蒡、竹筴魚排和淋上起司醬料。

## >>> 水果三明治

店內的招牌餐點，放入香蕉、粉色果肉葡萄
柚、柳橙和奇異果的鮮豔配色三明治。吐司
的部分是旗下店鋪「BREAD,ESPRESSO&」
的特製商品，專門為了水果三明治而製作。
特色在於質地細緻鬆軟的吐司搭配上水果的
甜味和口感。　　　< フツウニフルウツ >

以繽紛水果配色
令人期待不已的三明治

# 招牌水果三明治

**材料** ※2個分量

吐司…2片
香蕉…10cm
柳橙…1瓣
粉色果肉葡萄柚…1瓣
奇異果…2.5cm×2.5cm×6cm的三角柱1條
打發鮮奶油（＊1）…30g

＊1　打發鮮奶油（方便製作的分量）
　　鮮奶油（乳脂肪含量35％）…200g
　　砂糖…30g
〈作法〉碗裡放入鮮奶油和砂糖，使用打蛋器隔著冰塊（分量
　　外）攪打至鮮奶油可立起尖角的狀態。

**作法**

1 1片吐司塗抹一半分量的打發鮮奶油，然後在中間放上香
蕉，兩邊分別放上柳橙和粉色果肉葡萄柚，兩端則是放上
奇異果。

2 放上剩餘的打發鮮奶油，接著放上另1片吐司，再從中間對
半切開。

photogenic point

### 漂亮的水果斷面

水果擺放在中間部位，以打發鮮奶油將兩端覆蓋住，
切開後就能夠直接看到水果大面積的漂亮斷面。

以黃金奇異果為主角提升視覺印象

# 金黃色三明治

黃金奇異果佔據大部分斷面，口感極佳的三明治。奇異果和鮮奶油的簡單餡料組合，易於入口的微甜，令人印象深刻。

< フツウニフルウツ >

**材料** ※2個分量

吐司…2片
黃金奇異果…1顆
打發鮮奶油…30g

**作法**

1. 黃金奇異果去皮後縱向切成兩半，再將其中一半再縱向切成2等分。
2. 1片吐司塗抹一半的打發鮮奶油，將一半的黃金奇異果橫向擺放在吐司的中間位置，而兩邊則是排列放上1/4分量的奇異果。
3. 將剩下的打發鮮奶油塗抹在另1片吐司上後覆蓋住2，然後從中間對半切開。

一個三明治能同時品嚐到2種滋味的香蕉

# 雙重香蕉三明治

三明治的主角是新鮮香蕉和燉煮後甜味濃縮的香蕉。可同時品嚐到2種濃郁的香蕉風味，搭配上清爽的酸味柳橙真是絕佳拍檔。

< フツウニフルウツ >

**材料** ※2個分量

吐司…2片　香蕉…10cm
燉煮甜味香蕉（＊1）…10cm
柳橙…2瓣　柳橙片…1片

＊1　燉煮甜味香蕉（方便製作的分量）
香蕉…100g（大的1條分量）
砂糖…15g　水…60ml
<作法>鍋中放入所有材料後燉煮至水分收乾的狀態。

**作法**

1. 1片吐司塗抹一半的打發鮮奶油，中間位置擺放香蕉和燉煮甜味香蕉，在香蕉的兩邊放上柳橙，柳橙片則是放在2個香蕉的中間。
2. 從中間對半切開。

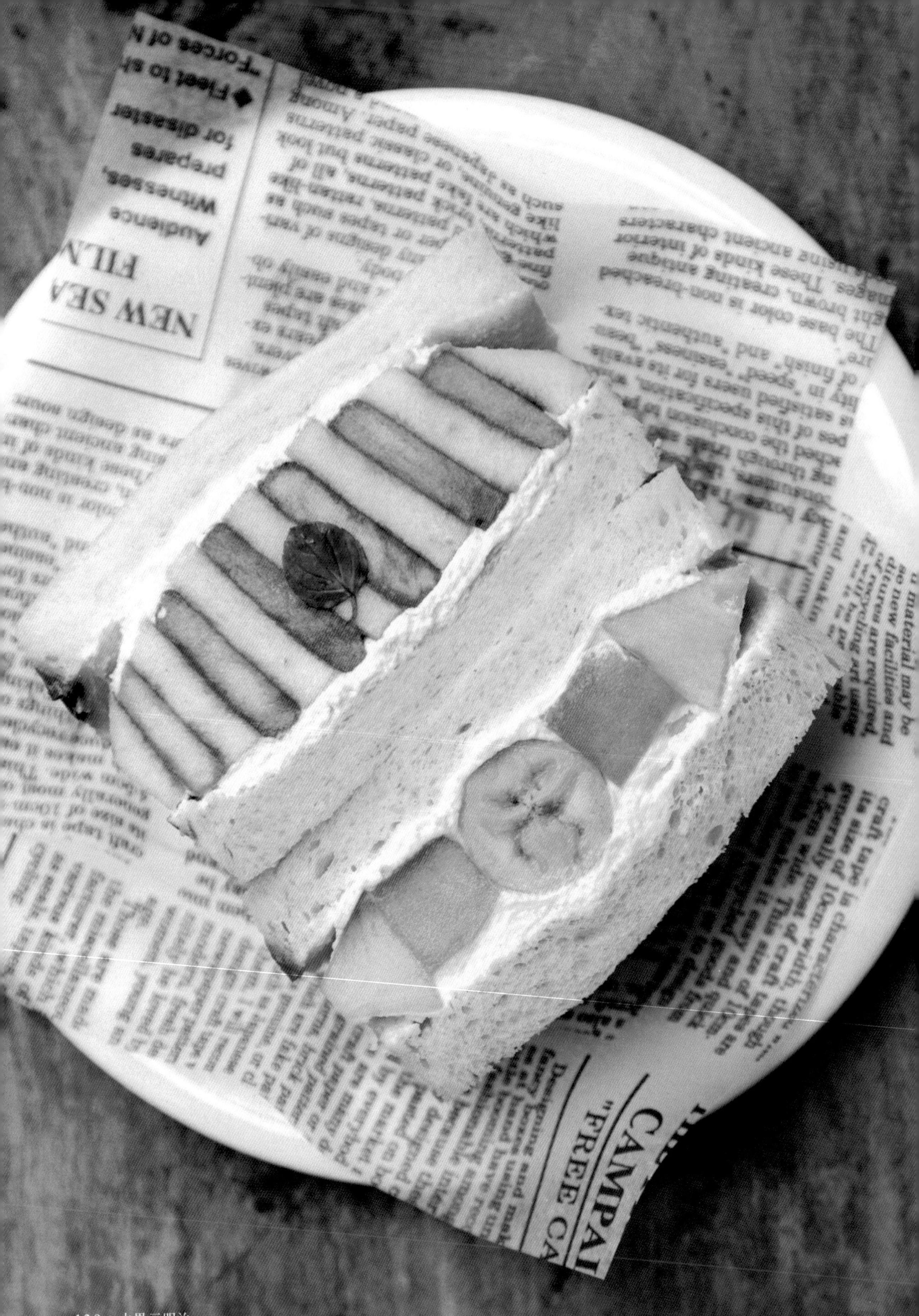

PHOTOGENIC SANDWICH 063

同時品嚐到香煎蘋果和新鮮蘋果的風味和口感差異

# 雙重蘋果三明治

一次吃到散發肉桂香氣的香煎蘋果和口感清脆的新鮮蘋果。將2種蘋果縱向排列，斷面就能呈現出焦糖色和白色的對比效果。而薄荷葉的綠色則是能加深視覺印象。　＜ フツウニフルウツ ＞

**材料** ※2個分量

吐司…2片　蘋果…7片　香煎蘋果（＊1）…6片
打發鮮奶油…30ｇ　薄荷葉…2片

＊1　香煎蘋果（方便製作的分量）
　蘋果…1顆　橄欖油…適量　肉桂粉…適量
＜作法＞蘋果去皮後切成1/4大小，拿掉芯的部分切成5mm厚度的薄片。接著放入有橄欖油的平底鍋中加熱，最後再撒上肉桂粉。

**作法**

1 蘋果去皮後拿掉芯的部分，切成5mm厚度的薄片。
2 1片吐司塗抹一半的打發鮮奶油，然後交錯擺放蘋果和香煎蘋果。
3 將另1片吐司塗抹剩餘的打發鮮奶油，然後覆蓋在2上，朝中間對半切開，最後在各自中心的切口部分擺放上薄荷葉。

PHOTOGENIC SANDWICH 064

散發百香果香氣的打發鮮奶油搭配上南國水果

# 南國水果三明治

吐司內夾入香蕉、芒果和鳳梨，就變身為以南國水果為主角的季節限定菜單。將打發鮮奶油加上百香果香精，散發出的爽口酸味更是大大加分。　＜ フツウニフルウツ ＞

**材料** ※2個分量

吐司…2片
香蕉…10cm
芒果（1.5cm方形x8cm的長方形柱）…1條
鳳梨（2.5cmx2.5cmx5cm的三角柱）…1條
打發鮮奶油…30ｇ
百香果香精…適量

**作法**

1 打發鮮奶油加入百香果香精混拌均勻。
2 1片吐司塗抹1，從中間依序橫向擺放香蕉、芒果和鳳梨，接著放上塗抹剩餘打發鮮奶的另1片吐司，最後從中間對半切開。

質地細緻的吐司夾入5～6種的當季水果三明治。為了凸顯所有的水果顏色，事先思考了配置方式後才切開。入口即化的打發鮮奶油襯托出水果的新鮮度和風味。 ＜ HOTCAKE つるばみ舍 ＞

吸引目光的鮮豔水果配色

# 水果三明治

**材料**

吐司（1cm厚度）…2片
當季水果（5、6種）…各30g
打發鮮奶油（攪打後的鮮奶油）…60g

**作法**

**1** 水果切成1口大小，將其中的2/3分量按照配色擺放在吐司上。

**2** 接著放上打發鮮奶油和剩餘水果，再覆蓋上另1片吐司。

**3** 切掉吐司邊，然後切成4等分三角形。

## >>> 甜點三明治

將飄散著薄荷香氣且加入巧克力揉製而成的拖鞋麵包
夾入香草冰淇淋。然後在加熱的麵包淋上熱呼呼的莓
果醬汁,在冰淇淋逐漸融化的狀態下放入口中享用,
甜點式的三明治。紅寶石色的醬汁和香草冰淇淋的顏
色對比相當具有魅力。　　　＜La Première Pousse＞

捕捉到熱麵包淋上熱醬汁後冰淇淋融化的瞬間！

# 香草冰淇淋莓果醬汁
# 薄荷巧克力拖鞋麵包三明治

**材料**

薄荷巧克力拖鞋麵包（＊1）…1個
香草冰淇淋…1球
莓果醬汁（＊2）…適量
薄荷葉（放在細砂糖裡醃漬）…適量

＊1　薄荷巧克力拖鞋麵包
＜作法＞將從新鮮薄荷中提煉出的薄荷水，和巧克力碎片放入
　　　拖鞋包麵團內混合，然後搓揉成圓形放入烤箱烘烤。

＊2　莓果醬汁（1次製作分量）
　　綜合莓果（冷凍）…100g
　　細砂糖…20g
　　柳橙汁或是一般果汁…100g
　　玉米粉（加水溶解）…適量
＜作法＞將綜合莓果、細砂糖和果汁倒入鍋中開火煮至沸騰，
　　　接著轉小火倒入加水溶解的玉米粉，增加醬汁的濃稠度。

**作法**

1　將薄荷巧克力拖鞋麵包放入烤箱以200℃加熱約3分鐘時間
　　a 。

2　用刀子將 1 橫向切開成上下兩半 b 。

3　放上冰淇淋後覆蓋上另1片麵包，然後以薄荷葉裝飾 c 。
　　莓果醬汁倒入容器裡，放入微波爐加熱後附上。

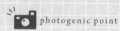
photogenic point

### 利用溫度差提升餐點魅力

加熱麵包淋上
熱熱的醬汁，
營造出冰淇淋
逐漸融化的效
果。藉由冷熱
組合方式來展
現外觀上的可
口程度。

在含有丹波產蒸栗子的栗子餡上，放上丹波產的黑豆和有鹽奶油點綴。奶油的鹹味令栗子餡與黑豆的微甜味更為明顯，可說是東西方合併的熱狗堡。 ＜ coppee+（coppee plus）＞

使用宇治產，香氣濃烈的抹茶所製成的滑順抹茶餡料，塗抹在麵包的兩面，然後再放上可愛的糯米丸。白色和深綠色的顏色對比十分引人注目。其中製作糯米丸所使用的糯米和泉水都是來自熊本縣，特色在於即便放置一段時間還是能保持柔軟口感。 ＜ coppee+（coppee plus）＞

**PHOTOGENIC SANDWICH 067**

將以當地為主題的活動中獲獎的知名熱狗堡予以改良

# 丹波產蒸栗子餡料和
# 黑豆&奶油熱狗堡

**材料**

熱狗堡麵包…一個
丹波產的蒸栗子…20g
保留栗子皮的餡料…25g
栗子泥…25g
丹波產煮黑豆…4粒
有鹽奶油（1片4g）…3片（12g）

**作法**

1. 將帶皮栗子餡和栗子泥以及丹波產蒸栗子先以濾網過濾混合。
2. 熱狗堡麵包橫向劃出切口，然後塗抹 1，再將丹波產煮黑豆和有鹽奶油交錯擺放。

**PHOTOGENIC SANDWICH 068**

用糯米丸讓可愛程度倍升的點心式熱狗堡

# 宇治抹茶餡和國產糯米丸

**材料**

熱狗堡麵包…1個
宇治抹茶餡…80g
國產糯米丸（直徑2cm）…5個

**作法**

1. 熱狗堡麵包橫向劃出切口，兩面都塗抹宇治抹茶餡。
2. 排列擺放糯米丸。

## >>> PARLOUR 江古田的豬肝肉醬

- - - - - - - - - - - - - - - - - - - - - - - - - - - - - - - - - - - - -

**材料**

※ 長29.5cm×寬8cm×高6cm的法式凍派模型5個

豬前腳肉、豬腿肉…4.5kg

醃漬調味液

> 鹽…肉的1.9%分量
> 白酒…肉的30%分量
> 泡盛…肉的30%分量
> 月桂葉…15片

豬肝（使用平底鍋稍微煎熟）…1.5kg
拌炒過的切碎洋蔥…1.3kg
鮮奶油（乳脂肪含量35％）…75g
全蛋…8顆
紅酒…225g
開心果…225g
黑胡椒…27g

## 將切好的肉塊確實放入醃漬液裡醃至入味

**1** 將豬前腳肉和豬腿肉切成約3cm的方形，擺放在鐵托盤上。醃漬液使用鹽、白酒、泡盛和月桂葉。

**2** 先將鹽塗抹在肉塊上，然後倒入混合好的白酒和泡盛，接著將月桂葉平均擺放排列，以這樣的狀態靜置一個晚上時間。

**3** 醃漬過後的肉塊要加入副食材，就是由豬肝、拌炒過的碎洋蔥、紅酒、鮮奶油和全蛋混合的調味料，以及開心果和黑胡椒。

**6** 將絞肉平均分成一半各放入2個鋼盆內，其中1個鋼盆加入黑胡椒混合攪拌。

**7** 接著將2個鋼盆的絞肉混合攪拌均勻。

## 藉由煎過的豬肝和洋蔥增加風味

4 拌炒過的碎洋蔥和煎過的豬肝放入食物調理機內攪打成泥狀。

5 將醃漬一個晚上的肉塊上的月桂葉拿掉，肉塊放入絞肉機絞成偏粗的絞肉（8mm，絞一次）。

## 加入副材料的豬肝和紅酒

8 加入豬肝抹醬和開心果後混合。

9 然後再倒入紅酒混合攪拌均勻。

## 加入作為黏著劑的鮮奶油和全蛋

**10** 將鮮奶油和全蛋混合後倒入並確實攪拌均勻。

**11** 持續揉捏直到出現黏稠感。

## 放上月桂葉並蓋上蓋子

**15** 放上之前醃漬肉塊時使用過的月桂葉。

**16** 蓋上法式凍派模型的蓋子。

## 將絞肉捏製成圓形塞滿整個法式凍派模型

12　絞肉捏製成像是漢堡排那樣的圓形，將空氣擠出。

13　一邊敲打法式凍派模型一邊放入絞肉。

14　使用刮刀確實將邊緣壓緊。

## 以 110℃低溫烘烤後靜置一段時間

17　放在烤盤上並倒入熱水，接著放進烤箱以110℃烘烤約2小時。

18　確認中心溫度，如果有到達65℃就可以從烤箱取出。

19　倒掉多餘肉汁，然後放入冰箱冷藏。3～4天之後再取出切塊。

**材料** ※豬腿肉1塊約5kg分量

豬腿肉…5kg
鹽…適量

醃漬液

鹽…230g　　黃砂糖…90g
水…1000ml　小荳蔻…8g
丁香…2g　　黑胡椒…8g
月桂葉…1片　茴香…8g

香味蔬菜…適量
棉線…適量
茶包…適量

## 醃漬液加入多種辛香料

**1** 製作醃漬液。將材料放入大型圓筒鍋內開火燉煮至沸騰，過5分鐘後關火放涼。

**2** 將鍋內液體過濾倒入鋼盆裡，然後將小荳蔻和茴香等辛香料都放進茶包內，然後再將茶包放回醃漬液裡。

## 脂肪和帶筋的部位可以用來製作法式肉醬（Rillettes）和咖哩，善用肉塊多餘的部分

 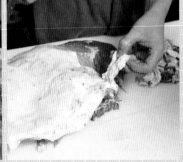 

**3** 清除肉塊不必要的部分。將血管和血塊以及帶血的脂肪去除乾淨。清除的碎肉和有脂肪部位可以再次使用作為法式肉醬和咖哩的材料。脂肪的部分在製作法式肉醬時是調節油脂含量不可或缺的部位。善用所有清除後剩下的肉。至於有大面積帶筋的部分則是會轉變為膠質，能夠大幅提升美味度。

**4** 為了讓醃漬液能夠均勻滲透，使用鐵插均勻捅出小洞。